畜禽养殖与疾病防治丛书

图说肉鸡养殖

新技术

丁馥香 主编

中国农业科学技术出版社

图书在版编目（CIP）数据

图说肉鸡养殖新技术/丁馥香主编. —北京：中国农业科学技术出版社，2012.9

ISBN 978-7-5116-0793-5

Ⅰ.①图… Ⅱ.①丁… Ⅲ.①肉鸡 – 饲养管理 – 图解 Ⅳ.①S831.4–64

中国版本图书馆CIP数据核字(2012)第006462号

责任编辑　崔改泵　张孝安
责任校对　贾晓红　郭苗苗

出 版 者　中国农业科学技术出版社
　　　　　北京市中关村南大街12号　　　邮编：100081
电　　话　(010)82109194（编辑室）　　(010)82109704（发行部）
　　　　　(010)82109709（读者服务部）
传　　真　(010)82109708
网　　址　http://www.castp.cn
经 销 者　各地新华书店
印 刷 者　北京富泰印刷有限责任公司
开　　本　787 mm × 1 092 mm　1/16
印　　张　9
字　　数　140千字
版　　次　2012年9月第1版　**2013 年 3 月第 3 次印刷**
定　　价　22.00元

前　言

——畜禽养殖与疾病防治丛书

近十几年，我国畜禽养殖业迅猛发展，畜禽养殖业已成为我国农业的支柱产业之一。其产值占农业总产值的比例也在逐年攀升，连续 20 年平均年递增 9.9%，产值增长近 5 倍，达到 4 000 亿元，占到农业总产值的 1/3 之多。同时，人们的生活水平不断提高，饮食结构也在不断改善。随着现代畜牧业的发展，畜禽养殖已逐步走上规模化、产业化的道路，业已成为农、牧业从业者增加收入的重要来源之一。但目前在畜禽养殖中还存在良种普及率低、养殖方法不科学、疫病防治相对滞后等问题，这在一定程度上制约了畜牧业的发展。与世界许多发达国家相比，我国的饲养管理、疫病防治水平还存在着一定的差距。存在差距，就意味着我国的整体饲养管理水平和疾病防控水平还需进一步提高。

针对目前养殖生产中常见的一些饲养管理和疫病防控问题，中国农业科学技术出版社组织了一批该领域的专家学者，结合当今世界在畜禽养殖方面的技术突破，集中编写了全套 13 册的"畜禽养殖与疾病防治"丛书，其中，养殖技术类 8 册，疫病防控类 5 册，分别为《图说家兔养殖新技术》《图说养猪新技术》《图说肉牛养殖新技术》《图说奶牛养殖新技术》《图说绒山羊养殖新技术》《图说肉羊养殖新技术》《图说肉鸡养殖新技术》《图说蛋鸡养殖新技术》《图说猪病防治新技术》《图说羊病防治新技术》《图说兔病防治新技术》《图说牛病防治新技术》和《图说鸡病防治新技术》，分类翔实地介绍了不同畜禽在饲养管理各方面最新技术的应用，帮助大家把因疾病造成的损失降低到最低限度。

本丛书从现代畜禽养殖实际需要出发，按照各种畜禽生产环节和生产规律逐一编写。参与编撰的人员皆是专业研究部门的专家、学者，有丰富的研究数据和实验依据，这使得本丛书在科学性和可操作性上得到了充分的保障。在图书的编排上本丛书采用图文并茂形式，语言通俗易懂，力求简明操作，极有参阅价值。

本丛书不但可以作为高职高专畜牧兽医专业的教学用书，也适用于专业畜牧饲养、畜牧繁殖、兽医等职业培训，也可作为养殖业主、基层兽医工作者的参考及自学用书。

编　者

2012 年 9 月

图说肉鸡养殖新技术

第一章　肉鸡养殖前景

肉鸡养殖是我国畜牧业中集约化程度最高、采用先进科学技术最多的产业之一。我国饲养的肉鸡包括白羽肉鸡、优质肉鸡。白羽肉鸡主要是指快大型肉鸡，是我国肉鸡养殖的主导品种，从国外引进，饲养量最多，目前，饲养的主要品种有 AA、艾维茵、罗斯 308 和海波罗等；优质肉鸡主要是指分布在我国各地的优良地方品种及导入外血的配套品系。

一、我国当前白羽肉鸡和优质肉鸡生产形势分析

（一）产业发展跌宕起伏，变幻莫测

白羽肉鸡养殖是我国改革开放后发展起来的一项新兴产业，特别是近 10 多年来，随着肉鸡产业化向纵深发展，生产规模迅速扩大，为解决"三农"问题和出口创汇及安排农村剩余劳动力就业起到了积极的重要作用。快大型肉鸡的主要消费群体为工厂、学校、航空、快餐等团体或加工成熟制品出口，主产区分布在山东、河南、辽宁、河北、江苏等省的大型一条龙企业，国内饲养总量在 2002 年达到了顶峰，祖代种鸡 76.3 万套，父母代种鸡 2 500 万套，商品肉仔鸡 25 亿只；2004 年春天由于"禽流感"影响，使正在发展的肉鸡业又遭迎头一棒，饲养总量继续下降到祖代种鸡 48 万套，父母代种鸡 2 000 万套，商品肉仔鸡 20 亿只，比 2002 年下降了 1/3；2005 年 4～10 月市场强劲复苏，正当从业者满怀信心，逐步恢复元气之时，10 月份"禽流感"全球风波，使肉鸡业又一次遭受沉重打击，2005 年的饲养总量祖代种鸡 52 万套，父母代种鸡 2 100 万套，商品肉仔鸡 21 亿只；2006 年上半年市场一直在成本线以下运行，在一大批肉鸡生产场（户）关停并转后，下半年养殖效益开始好转，但饲养总量从祖代、父母代到商品代与 2004 年和 2005 年基本趋于持平。祖代种鸡年更换量达 36%，2010 年白羽肉鸡父母代达到 3 674 万套，商品肉仔鸡 40 亿只；预计 2015 年白羽肉鸡父母

代将达到 4 379 万套，商品肉仔鸡 48 亿只，白羽肉鸡饲养量、鸡肉产量在未来 5 年将稳步增加。

相对于国外快大型白羽肉鸡，全国各地的优质肉鸡一向深受我国市场的欢迎，我国优质肉鸡生产初始是面向广东、广西特别是港澳市场的需求展开的，随着人们生活水平的提高和膳食结构的完善，优质肉鸡的需求量不断加大，主要消费群体是高档餐饮业和家庭消费，主产区分布在华南、华东、广西壮族自治区、四川、湖南、湖北等区域，近几年有逐步向全国扩展的趋势，优质肉鸡生产是具有中国特色的肉鸡养殖业。目前，我国从事优质肉鸡生产的企业，与国外发达国家的快大型肉鸡相比，在资金、技术、规模虽有相当大的差距，但发展势头强劲，优质肉鸡的市场涨落趋势与白羽肉鸡的市场涨落基本吻合。2009 年以前通过国家畜禽遗传资源审定的优质鸡配套系 16 个、地方品种 1 个；2009 年一年就通过 12 个配套系、28 个地方品种的审定。2007 年全国饲养的优质祖代鸡 69.9 万套，父母代 2 730.7 万套；2008 年全国饲养的优质祖代鸡 108.1 万套，父母代 3 807.9 万套；2009 年全国饲养的优质祖代鸡 138.4 万套，父母代 3 998.3 万套。每套父母代可提供商品雏鸡 95 只，出栏成活率 93%，2009 年全国共生产优质肉鸡 35.32 亿只。预计到 2015 年全国对优质肉鸡的需求量将达到 70 亿只。

（二）目前发展态势强劲，效益颇丰

2009 年市场整体低迷，加之近两年受国际金融危机的影响，一大批养殖场（户）关停并转，导致 2010 年上半年家禽存栏量大幅下降，2010 年 6 月下旬以来，肉鸡产品市场行情逐渐复苏，但商品雏鸡供应不足，加上养殖户发展生产更加理性，促使肉鸡市场强劲复苏。2010 年 1～6 月快大型肉鸡商品雏鸡的价格基本徘徊在 1.20 元/只左右，而 7～9 月则涨至 2.30 元/只；优质肉鸡上半年的价格在 0.6 元/只左右，下半年每只鸡苗最高可到 4.0 元。商品毛鸡平均售价也同步提高，每出栏 1 只快大型商品肉鸡可获利 5 元左右，每出售 1 只优质肉鸡可获利 10 元以上。

（三）饲料原料价格上扬，成本增加

玉米、豆粕在肉鸡饲料中所占比例分别高达 60% 和 20% 以上，玉米和豆粕价格直接影响成品饲料价格及饲养成本。回顾 2005 年和 2006 年，国际、国内玉米期货市场，以及研究玉米供需关系，我们不难发现玉米市场的供需状况确实正在发生根本性改变，而这种改变通过期货市场的价格发生机制表现得淋漓尽致。2006年11~12月，广东市场的玉米价格为1 630~1 680元/吨，年平均1 443元/吨；2007年3月，广东市场的豆粕价格为2 460~2 480元/吨。2010年7月广东市场的玉米价格为2 050~2 080元/吨；2010年8月价格为3 000~3 190元/吨。2种主要原料价格均在高价位运行。

饲料原料的价格上涨，直接导致肉鸡养殖成本提高，但也不必过分担忧。我国玉米生产有着良好的自然条件和惠农政策，玉米供求长年处于基本平稳状态，阶段性进口玉米的作用仅为临时补充政策。

豆粕价格将受未来大豆产量的不确定性及我国将增加豆油进口、减少大豆进口，而造成的持续上涨，可以利用国内其他油料的饼（粕）等高蛋白质饲料原料代替部分豆粕，以消化豆粕价格上涨造成的成本上涨。

（四）疫病综合防治措施有待加强

简易的鸡舍、落后的设备、粗放的管理、传统的技术已很难生产出符合国际标准的鸡肉产品，农村规模饲养户由于缺乏系统而全面的技术培训，加上文化素质跟不上技术进步，生产过程中普遍存在着缺乏隔离、消毒、预防、治疗等综合防疫措施的全面落实，给传染病的暴发提供了温床，另外，预防不得力、治疗方法欠科学、盲目用药严重。因此，我们在发展肉鸡养殖时，应改善饲养条件，加强饲养管理，完善防疫体系来保障肉鸡养殖业可持续发展。

二、当前我国白羽肉鸡和优质肉鸡养殖存在的主要问题

我国是农业大国，白羽肉鸡和优质肉鸡饲养周期短，见效快，饲料转化率高，在整个畜牧业乃至大农业中效益比较高。在国内市场上，优质肉鸡具有品种多、肉嫩、味美和价廉的优势；在国际市场上，白羽肉鸡胸肉和腿肉比重大，在出口创汇方面深受市场欢迎，因此，白羽肉鸡和优质肉鸡在我国有着广阔的发展空间，要想使其良性循环，得到可持续发展，必须正视当前养殖环节中存在的共性问题。

（一）市场供求机制有待改善

近年来，我国肉鸡养殖业在发展中受市场影响，生产出现较大波动现

象,是困扰行业健康、有序、稳定发展最突出的问题,主要表现在快大型白羽肉鸡祖代存栏量缺乏行业自律,盲目引进;优质肉鸡种鸡代次明显偏低甚至混杂,有的甚至以各种杂交鸡冒充优质肉鸡,究其原因主要是:我国体制尚处在转轨时期,法律法规不健全,制度措施不完善,宏观调控手段不够有力;规模化家禽企业占的比重小,集约化、现代化生产水平不高,农户小生产占大多数,生产经营各自为政,再加上信息不畅,使分散的农户,要么一哄而上,要么一哄而下,供求关系难以平衡。

(二)繁育体系建设有待完善

我国白羽肉鸡和优质肉鸡繁育体系建设明显滞后于国外。快大型白羽肉鸡主要靠引进,育种工作几乎为空白。各地虽然因地制宜开展优质肉鸡繁育工作,但在种源配套上缺乏统一协调,且多采用地方品种简单杂交的方法,由于亲本提纯不够或品系选育代次低,造成商品肉鸡杂种优势不明显。选育及推广明显表现出小区域、小规模性,缺少适合产业化生产的通用品种。我国肉鸡育种工作,应采用"引"和"育"相结合的方法,充分利用引进和地方品种两大类资源,完善肉鸡育种体系,培育具有自主知识产权的肉鸡新品种。

(三)优质肉鸡饲养标准有待进一步完善

优质肉鸡的饲养量在逐年增加,但对不同地区、不同品种和不同季节的优质肉鸡营养需要量的研究很少。尽管农业部2004年在鸡饲养标准(NY/T33-2004)中发表了黄羽肉种鸡和黄羽肉仔鸡营养需要标准,但面对当前众多的配套系和原始地方品种,还远远不够,应根据优质肉鸡的生长发育规律,分品种、分阶段开展优质肉鸡营养需要量的研究,制定出切合实际的优质肉鸡饲养标准。

(四)市场品牌战略有待推进

经历了几轮"禽流感"的洗礼后,活禽上市及屠宰都受到了一定程度的影响。活鸡上市更加规范并有了一定的门槛,活鸡的宰杀在通过严格检疫的基础上各地都在推行定点屠宰。这也给规模化养殖企业的品牌战略提出了新的要求,各地在推行活鸡带脚环上市、冰鲜鸡上超市的同时,我们应在ISO9000、ISO14000、HACCP以及无公害、绿色认证上下工夫,打造肉鸡企业品牌,实行优质优价。

（五）产业化经营机制有待推广

各生产经营企业各自为政，自产自销，很少有区域性的联合，产品未能联合进入市场，产业化体系建设不够横向联合、纵向深入。因此，短期内肉鸡养殖业发展应推广"公司+农户"模式，以企业为龙头，联合千家万户养殖农户，运用公司较充足的资金进行技术开发和组织营销体系，增加利润空间。

三、发展白羽肉鸡和优质肉鸡养殖业前景展望及对策

（一）前景展望

1. 从发展速度分析，肉鸡养殖业具有广阔的发展空间

中国肉鸡养殖业在没有国家经济补贴的情况下，以高效率、低成本的优势，发展为农牧业领域中产业化程度最高的行业，其总产量已占世界第二位。据报道，2007年我国鸡肉总产量1 062万吨，占禽肉产量的71%，占肉类产量的15%，占全球鸡肉产量的14%。据专家预测2015年我国的鸡肉产量将达到2 100万吨，平均年递增率为20%左右。可见，随着鸡肉消费水平的逐年上升，将助推肉鸡养殖业的快速发展。

2. 鸡肉比重逐步增加

到2007年终，全球肉类消费结构发生了重大改变，鸡肉由1992年的24%提高到31%，超越牛肉上升为第一位，牛肉由以前的31%下降到24%，猪肉仍维持在20%以下。中国的牛肉、鸡肉消费比重低于全球，分别为8.0%和21%，而猪肉则高于全球达64%。专家预测2015年我国人均白羽肉鸡和优质肉鸡的鸡肉消费量将是现在的2.8倍，鸡肉在肉类消费结构中所占比例将达到30%以上。

3. 人均消费保持稳定增长

中国鸡肉的年人均消费2009年为9千克，到2015年将达到的15千克以上，鸡肉已经成为仅次于猪肉的第二大肉类消费品。由于鸡肉有着突出的营养价格比，高蛋白质、低脂肪、低胆固醇，与鱼同称为"白肉"，成为世界上普遍受到欢迎的优质动物性蛋白质来源，其消费量保持着强劲的增长，增长速度远远高于猪肉和牛肉。美国是世界上人均消费鸡肉最多的国家，1986年，人均消费鸡肉27.48千克，超过了猪肉，成为第二大肉类消费品；1996年，人均消费鸡肉44.44千克，超过了牛肉，成为第一大肉类消费品。2002

年，人均消费鸡肉49.7千克，比1990年增长46%，高于猪肉消费量64%，高于牛肉消费量19%。2007年人均消费鸡肉52千克，占肉类消费量的62%。

4. 鸡肉出口前景看好

1990年以来，中国的肉鸡出口量由9.55万吨猛增到2001年的55万吨，占世界总出口量的比重从3.21%增至6.34%，尽管出口鸡肉占全国总产量的比例不高，仅占中国鸡肉生产总量的5.85%，但是，由于出口鸡肉主要以高价值的鸡腿肉和鸡胸肉为主，平均来说出口鸡肉占整只鸡重量的25%左右，事实上，全国有21.8%的肉鸡生产量是直接为出口提供产品的。受到国外技术性贸易壁垒的制约，近几年来肉鸡出口未见增长，只要我们加强基地到餐桌的食品安全管理，完全可以在国际市场争取出口份额来推动肉鸡产业的快速发展。就白羽肉鸡出口大省山东而言，2010年第一季度，在骨干企业的大力拉动下，出口冻鸡肉3.05万吨，出口金额6 098万美元，数量与金额分别同比增长224.7%和300%。

5. 消费需求旺盛

我国优质肉鸡养殖业是具有中国特色的、民族的、大众的，具有坚实的市场基础。优质肉鸡具有皮薄肉嫩，骨细而软、脂肪分布均匀、食之味美、肉嫩、滑的特点，人们对优质肉鸡的青睐，源于千百年来养成的口味习惯。优质肉鸡产业化工作最初是围绕广东及港澳消费市场的需求开展，现在上海、江苏、浙江、福建等市场需求也越来越大，与快大型肉鸡相比，随着中国经济的发展壮大，人民生活水平的提高，消费需求的加大，优质肉鸡养殖业的前景一定光辉灿烂。

（二）主要对策

吃一堑，长一智，肉鸡养殖业在经历了风风雨雨、坎坎坷坷后，逐步趋向理性和成熟。但要使白羽肉鸡和优质肉鸡养殖业健康有序的稳定发展，还需要政府、企业和行业协会的共同努力。

1. 政府依法行政，促进行业管理有序

《中华人民共和国畜牧法》的出台，使肉鸡养殖业有法可依，有章可循。建议政府畜牧管理部门可在以下方面加大管理，以保障肉鸡产业可持续发展。

（1）建立行业准入制度：目前，我国肉鸡养殖业门槛太低，虽有《中华人民共和国动物防疫法》及防疫体系，但并没有建立行业的准入制度，任何单位和个人不需经任何审批可随时从事肉鸡养殖，这是在自给自足的小农经济时代产生的，但在当今产品以商业流通为主的社会里，显然难以达到食品安全及疫病防控的要求。建议政府对从事肉鸡养殖的单位和个人建立准入制度，经过环境评估，对技术与管理能力达到相应要求的才能领证从事肉鸡养殖。

（2）政府应出台对肉鸡养殖业保险的扶持政策以及扶持政策落实：肉鸡养殖业面临的风险包括自然风险、疫病风险、市场风险和政策风险，任何一种风险都是致命的。然而，当前保险业对肉鸡养殖业的风险望而生畏，不敢问津。建议政府出台对肉鸡养殖业保险的扶持政策，以规避肉鸡养殖业的各种风险。另外，如禽流感等传染病是突发性事件，对非疫区肉鸡养殖业造成了巨大的冲击，考虑到以后各种重大传染病的防控是全社会共同关注的大事，定会对家禽业造成一定的损失，这损失不是企业的机制、体制、管理的问题，而是出于公共安全的应急预案带来的。建议政府因某些突发事件对肉鸡业造成的影响和损失，采取各种政策加大补偿和扶持。

（3）政府从源头上加强对进口祖代种鸡配额的管理：从源头上加强对进口祖代种鸡配额的管理，对新上祖代鸡场实施更为严格的审批制度，引进祖代鸡年投放总量上严格把握在55万~60万套范围内，以避免恶性竞争的再度发生。

2. 协会沟通政企，促进行业自律规范

中国畜牧业协会是联结政府和企业的桥梁和纽带，通过协会把政府的有关政策，特别是快大型白羽肉鸡祖代进口量和地方优质肉鸡原种鸡存栏情况及时反馈给企业，企业通过向协会上报祖代和父母代及地方优质鸡原种存栏、种雏、商品雏、商品鸡的产出量和市场价格情况等信息，促使企业自律。

3. 企业实行精细化管理，实现节支降本增效

在肉鸡养殖业各种风险面前，对于一个企业来说，不能改变整个外部环境，但能改变企业本身。在市场疲软、禽流感冲击等各种不利条件下，不能随波逐流、任其自然、被动适应，而应坚定必胜信念，做好应急工作，从机制、体制着手，从降本节支等做起，冷静分析周期长短，积极筹措资金。只有这样，才能在激烈的市场竞争中，借质量、信誉、管理、品牌、资金等优势，力挫群雄，立于不败之地。

第二章　肉鸡场规划及肉鸡舍建造

一、环境选择与监控

肉鸡的环境是指肉鸡周围空间中对其生存有着直接和间接影响的各种因素的总和，包括自然环境和人为环境两大类，如空气、水、土壤、建筑物和设备等。环境对肉鸡的生长发育及产品——鸡肉的产量、质量和安全性均产生着影响。

（一）土壤

土壤对肉鸡的影响，是通过土壤中的成分，特别是微量元素的含量，土壤中的有害微生物等，通过污染饮水水源和饲料危害肉鸡的健康和产品质量。缺硒会引起白肌病、抗病力下降；氟过多会引起氟中毒症等。如果土壤中含有有害物质，被鸡食入或与鸡的皮肤接触后会直接威胁鸡的健康。因而建场时应当了解以往当地使用农药、化肥的情况，并采集土壤样品检测汞、铬、铅、砷、镉、硒、氟、有机污染物、六六六、滴滴涕等。肉鸡养殖场的场地以选择在壤土或沙壤土地区较为理想。

（二）水

水质的好坏，与肉鸡的健康、生产性能、鸡肉品质的关系极为密切。因此，必须注意饮水水质，外观要求清澈、无色无味，无悬浮物。水中若含微量的铅、汞、砷等重金属、有机农药、氰化物等有毒物质，特别是大肠杆菌、寄生虫卵、有机物腐败产物等会引起水的污染严重，危害肉鸡和鸡肉的安全。因此，饲养肉鸡所用的水必须符合无公害畜禽饮用水水质标准（表2-1，表2-2）。

表2-1　畜禽饮用水水质标准

项目			标准值	
			畜	禽
感官性状及一般化学指标	色（°）	≤	30	
	浑浊度（°）	≤	20	
	嗅和味		不得有异臭、异味	
	肉眼可见物		不得含有	
	总硬度（以 CaCO₃ 计）（毫克/升）	≤	1 500	
	pH 值		5.5～9.0	6.4～8.0
	溶解性总固体（毫克/升）	≤	4 000	2 000
	氯化物（以 Cl⁻ 计）（毫克/升）	≤	1 000	250
	硫酸盐（以 SO₄²⁻ 计）（毫克/升）	≤	500	250
细菌学指标	总大肠菌数（个/100毫升）	≤	成年畜禽10，幼年畜禽1	
毒理学指标	氟化物（以 F⁻ 计）（毫克/升）	≤	2.0	2.0
	氰化物（毫克/升）	≤	0.2	0.05
	总砷（毫克/升）	≤	0.2	0.2
	总汞（毫克/升）	≤	0.01	0.001
	铅（毫克/升）	≤	0.1	0.1
	铬（六价）（毫克/升）	≤	0.1	0.05
	镉（毫克/升）	≤	0.05	0.01
	硝酸盐（以 N 计）（毫克/升）	≤	30	30

表2-2　畜禽饮用水中农药限量指标　　　　（单位：毫克/升）

项目	限值
马拉硫磷	0.25
内吸磷	0.03
甲基对硫磷	0.02
对硫磷	0.003
乐果	0.08
林丹	0.004
百菌清	0.01
甲萘威	0.05
2，4-D	0.1

肉鸡养殖场选择水源要水质良好；水量充足，能满足肉鸡场内的人、鸡饮用和其他生产、生活用水，并考虑到防火和未来发展的需要；取用方便，设备投资少，处理技术简便易行。

（三）空气

如果肉鸡的饲养环境中一氧化碳、尘埃、病原微生物等成分过多，不仅容易使肉鸡发病率提高，而且影响肉鸡的生长。因此，肉鸡场应选在地势高燥、采光充足和排水良好，向阳通风，隔离条件良好的区域建场。肉鸡场周围3 000米内无大工厂、矿场等，避免工矿产生的一氧化碳、尘埃带来的污染，保证场区空气质量符合GB 3095大气质量三级标准（表2-3）。

表2-3　大气三级标准污染物浓度限值 　　　（单位：毫克/立方米）

污染物	总悬浮微粒	飘尘	二氧化硫	氮氧化物	一氧化碳	光化学氧化剂（O_3）
日平均	0.50	0.25	0.25	0.15	6.00	0.20
任何一次	1.50	0.70	0.70	0.30	20.00	–

二、肉鸡场场址的选择

场址选择对鸡群的健康水平、生产性能、经济效益、场内及周边环境卫生的控制等有着直接的影响。要遵循社会公共卫生准则，使肉鸡场不致成为周围社会的污染源，同时，也要不受周围环境所污染。

（一）场址选择

1. 无公害生产原则

肉鸡场的土壤土质、水源水质、空气等环境因素应该符合无公害生产标准。防止重工业、化工工业等工厂的公害污染，鸡吸收有害物质后，会存留体内并在产品中蓄积，进而影响人的健康。因此，肉鸡场不应建在有公害污染的地区。

2. 卫生防疫原则

必须对选址当地历年疫情做周密详细的调查研究，特别要警惕附近的兽医站、畜禽养殖场、农贸市场、屠宰场等与拟建肉鸡场的距离和方位，以及有无自然隔离条件等。拟建场地的环境及防疫条件的好坏是影响肉鸡场经营成败的关键因素之一。

3. 生态和可持续发展原则

肉鸡场选址和建设时要有长远规划，做到可持续发展。肉鸡场的生产不能对周围环境造成污染，选择场址时应该考虑到粪便、污水、废弃物及病死鸡的处理方式和处理能力。肉鸡场的污水不能直接排入城市污水系统，要经过处理后再排放，使肉鸡养殖场不致成为污染源而破坏周围的生态环境。

4. 经济性原则

在选址用地和建设上要充分考虑资源的利用。土地资源日益紧缺，在满足肉鸡场防疫的前提下，尽量节约用地。选择建筑材料时，既要考虑投入又要想到使用时的方便和低能耗，尽量做到节能减排。

（二）肉鸡场与其他单位的距离

（1）肉鸡场与城市之间应有一个适宜的距离。肉种鸡场一般要远离城市10~20千米；商品肉鸡场一般要相距城市1 000~2 000米或更远一些。距离太近会影响城市美观和环境卫生，同时也会受到来自城市的噪音、废气等的污染，还有可能与城市今后的发展发生矛盾。为节约运输费用、方便市场供应，为城市居民服务的商品肉鸡场可设在城郊，并建在居民点的下风位置和居民水源的下游。

（2）肉鸡场距其他畜禽养殖场至少1 000米以上，避免被其他畜禽养殖场的病原微生物感染。

（3）村、镇居民区散养鸡群多，容易导致鸡群疾病传播，不利于肉鸡场防疫。肉鸡场与附近居民点的距离一般需1 000米以上，如果处在居民点的下风向，则应考虑距离不应小于2 000米，但不可建在饮用水源、食品厂的上游。

（4）肉鸡场与各种化工厂、畜禽产品加工厂等的距离应不小于3 000米，应远离兽医站、屠宰场、集市等传染源，而且不应处在这些工厂、单位的下风向。鸡舍要尽量选择在整个地区的上风头，避免污染。同时，要考虑周围地块内庄稼、蔬菜等喷药时对肉鸡的影响。这些化学合成物质易通过空气或地面污染舍内肉鸡，并对鸡群健康造成危害。新建肉鸡饲养场亦不可位于传统的新城疫和高致病性禽流感疫区内（图2-1）。

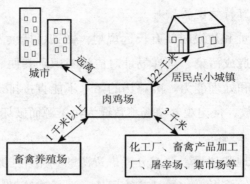

图 2-1　肉鸡场与其他单位的距离

（三）地势、土地状况

肉鸡场场地应当地势高燥，至少高出当地历史洪水线 1 米以上；地下水位应在 2 米以下或建筑物地基深度 0.5 米以下，远离沼泽地区、盆地，地势要向阳避风，地面要平坦而稍有坡度以便排水，地面坡度以 1°～3° 为宜，最大不得超过 25%。地形要开阔整齐，从而便于鸡场内各种建筑物的合理布置。还要避开坡底、风口，有条件的还应对其地形进行勘探，断层、滑坡和塌方的地方不宜建场。考虑到价格及生物安全因素，一般以向阳山坡地和荒地为首选。另外，要考虑到可利用面积，结合总体规划，综合布局（图 2-2）。

图 2-2　建设中的肉鸡场

（四）交通运输

考虑到鸡苗、产品、饲料的运输问题，肉鸡场所在地应交通方便。由于干线公路经常有运输鸡的车辆通过，为防止疾病传染，肉鸡场至主要公路的距离应不小于1 000米，一般道路可近一些，要求建专用道路与公路相连（图2-3）。

（五）供电、通讯

随着饲养规模的扩大，现在肉种鸡舍和商品肉鸡舍多为封闭式鸡舍，鸡舍内环境靠人工控制，肉鸡场电力供应一定要充足，应靠近输电线路以尽量缩短新线铺设距离，最好有双路供电

图2-3　肉鸡场与公路相连的专用道路

的条件，若无此条件，鸡场要有自备电源，以保证场内稳定的电力供应。要尽量靠近集中式供水系统（即城市自来水）和供电、通讯等公用设施，以便于保障供水质量及对外联系（图2-4、图2-5）。

图2-4　备用发电设备

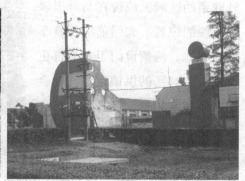

图2-5　电力供应

三、场舍建设与布局

（一）总体布局

1. 平面布局

布局的原则是：既要考虑节省土地，节约投资，又要有利于日后的生产管理和为防疫创造适合的条件。肉鸡场内各种房舍的布局，首先应该考虑人的工作和生活集中场所的环境保护，使其尽量不受饲料粉尘、粪便气味和其他废弃物的污染；其次需要注意生产鸡群的防疫卫生，尽量杜绝污染源对鸡

群环境污染的可能性。

根据肉鸡场地势和当地全年主导风向进行分区，即按地势坡向由高到低和主导风向从上风头到下风头对肉鸡场分区规划，先后顺序应为职工生活区→生产管理区→生产区→污染隔离区。地势和风向相结合，若有矛盾，以主导风向为主（图2-6）。

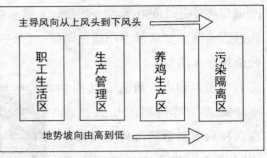

图2-6　肉鸡场规划示意图

（1）场前区：包括行政和技术办公室、饲料加工及饲料库、车库、杂品库、更衣消毒和洗澡间、配电房、水塔、职工宿舍、食堂等。该区是担负肉鸡场经营管理和对外联系的区域，应设在与外界联系方便的位置。大门前应设有车辆消毒池，两侧设门卫和消毒更衣室。肉鸡场的供销运输与社会的联系非常频繁，极易造成疾病的传播，所以运输工具场内和场

图2-7　场前生活区

外要严格区分。负责场外运输的车辆严禁进入生产区，场内车辆不得到生产区外。业务人员、外来人员只能在场前区活动，不得随意进入生产区（图2-7、图2-8、图2-9）。

图2-8　自动喷雾消毒通道

图2-9　门卫及门口消毒池

（2）生产区：是肉鸡场的核心，鸡舍的排列要整齐有序，如果肉鸡场规模较大，应将生产区独立建设（图2-10、图2-11）。

图2-10 开放式肉鸡舍布局

图2-11 密闭式肉鸡舍外景

肉种鸡场的生产流程：育雏（购进）→育成→产蛋（种鸡）→种蛋→孵化→商品雏鸡出售；商品肉鸡场的产品为肉仔鸡，多为一次育成出场，或育雏、育成出场。

（3）隔离区：包括病、死鸡隔离，剖检、化验、处理等房舍和设施，粪便污水处理及贮存设施等。是肉鸡场病鸡、粪便等污物集中之处，是卫生防疫和环境保护工作的重点，该区应设在全场的下风向和地势最低处，且与其他两区的卫生间距不宜小于50米。

肉鸡场的分区规划，要因地制宜，根据拟建场区的自然条件、地势地形、主导风向和交通道路的具体情况进行，不能生搬硬套采用别场图纸，尤其是肉鸡场的总体平面布置图，更不能随便引用。行政区和供应区距生产区80米以上，生活区距行政区和供应区100米以上。

2. 肉鸡舍的排列、朝向、间距

鸡舍排列的合理与否，关系到场区小气候、鸡舍的采光、通风、建筑物之间的联系、道路和管线铺设的长短、场地的利用率等。一般横向成排（东西），纵向成列（南北），称为行列式，即各栋鸡舍应平行整齐呈梳状排列，不能相交。如果鸡舍群按标准的行列式排列与肉鸡场地形地势、鸡舍的朝向选择等发生矛盾时，也可以将鸡舍左右错开、上下排列，但仍要注意平行的原则，不要造成各个鸡舍相互交错（图2-12）。

鸡舍的朝向应根据当地的地理位置、气候环境等来确定。适宜的朝向要满足鸡舍日照、温度和通风的要求。鸡舍建筑一般为长矩形，由于我国处在北纬20°～50°，太阳高度角（太阳光线与地平面间的夹角）冬季小、夏季大，故鸡舍应采取南向（即鸡舍长

图2-12　鸡舍排列

轴与纬度平行），这样，冬季南墙及屋顶可最大限度地利用收集太阳辐射以利于防寒保温。有窗式或开放式鸡舍还可以利用进入鸡舍的直射光起到一定的杀菌作用；而夏季则避免过多地接受太阳辐射热，引起舍内温度增高。如果同时考虑当地地形、主风向以及其他条件的变化，南向鸡舍允许做一些朝向上的调整，向东或向西偏转15°配置。南方地区从防暑考虑，以向东偏转为好；我国北方地区朝向偏转的自由度可稍大些。

确定鸡舍间距主要考虑日照、通风、防疫、防火和节约用地。从日照角度考虑，鸡舍间距以保证在冬至日上午9时至下午15时的6个小时内，北排鸡舍南墙有满日照。从防疫角度考虑，间距是鸡舍高度的3～5倍即能满足要求。从通风角度考虑，应注意不同的通风方式，若鸡舍采用自然通风，且鸡舍纵墙垂直于夏季主风向，间距取3～5倍高（南排鸡舍高）适宜；若鸡舍采用横向机械通风，其间距因防疫需要也不应低于3倍高；若采用纵向机械通风，鸡舍间距可以适当缩小，1～1.5倍高即可。从防火角度考虑，按国家规定，采用8～10米的间距。综合几种因素的要求，鸡舍间距不小于3～5倍高（南排鸡舍高）时，可以基本满足各方面的要求。

3. 肉鸡场内的道路、排水

生产区的道路应区分为运送产品和用于生产联系的净道，以及运送粪便、污物、病鸡、死鸡的污道。物品只能单方向流动，净道与污道决不能混用或交叉，以利于卫生防疫。肉鸡场外的道路决不能与生产区的道路直接连

接，场前区与隔离区应分别设与场外相通的道路。肉鸡场内道路应不透水，路面断面的坡度一般场内为1°～3°，路面材料可根据具体条件修成柏油、混凝土、砖、石或焦渣路面。道路宽度根据用途和车宽决定。生产区的道路一般不行驶载重车，但应考虑火警等情况下车辆进入生产区时对路宽、回车和转弯半径的需要。各种道路两侧，均应留有绿化和排水沟所需地面。

肉鸡场内的排水设施是为排出雨水、雪水，保持场地干燥、卫生。为减少投资，一般可在道路一侧或两侧设明沟，沟壁、沟底可砌砖、石，也可将土夯实做成梯形或三角形断面，再结合绿化护坡，以防塌陷。如果肉鸡场场地本身坡度较大，也可以采取地面自由排水（地下水沟用砖、石砌筑或用水泥管），但不宜与鸡舍内排水系统的管沟通用，以防泥沙淤塞影响鸡舍内排污及加大污水净化处理负荷，并防止雨季污水池满溢，污染周围环境。隔离区要有单独的下水道将污水排至场外的污水处理设施。

4. 场区的绿化

肉鸡养殖场的绿化树木遮掩可以减弱日照辐射，植物及树叶可以吸收二氧化碳释放氧气，树木及草皮可以吸附、过滤、降落空气中的粉尘，植物叶面蒸发的大量水分可以增加场区空气湿度。因此，搞好肉鸡养殖场的绿化可以改善鸡场小气候、保护环境并净化空气、减少空气中的尘埃和细菌、减弱噪音、有助于人体身心健康而提高工作效。

在进行肉鸡场规划时，必须规划出绿化用地，其中，包括防风林（在多风、风大地区）、隔离林、道路绿化、遮阳绿化、绿地等。防风林应设在冬季主风的上风向，沿围墙内外设置，最好是落叶树和常绿树搭配，高矮树种搭配，植树密度可稍大些。隔离林主要设在各场区之间及围墙内外，应选择树干高、树冠大的乔木。道路绿化是指道路两旁和排水沟边的绿化，起到路面遮阳和排水沟护坡的作用。遮阳绿化一般设于鸡舍南侧和西侧，起到为鸡舍墙、屋顶、门窗遮阳的作用。绿地绿化是指肉鸡场内裸露地面的绿化，可植树、种花、种草，也可种植有饲用价值或经济价值的植物，如果树、苜蓿、草坪、草皮等，将绿化与肉鸡场的经济效益结合起来。

肉鸡场植树造林应注意树种的选择，杨树、柳树等树种在吐絮开花时产生大量的绒毛，易造成防鸟网的堵塞及通风口的不畅通，降低风机的通风效率，对净化环境和防疫不利。值得注意的是，国内外一些集约化的养鸡场，为了确保卫生防疫安全有效，往往在整个场区内不种一棵树，其目的是不给飞翔的鸟儿有栖息之处，以防病原微生物通过鸟粪等杂物在场内传播，继而引起传染病；场区内除道路及建筑物之外全部铺种草坪，起到调节场区内小气候、净化环境的作用。

（二）肉鸡舍建筑

1.肉鸡舍的基本结构

（1）屋顶：屋顶在夏季接受太阳辐射热较多，而在冬季舍内热空气上升，失热也较多。因此，屋顶必须具备保温、隔热、不透水、不透气、坚固、耐久、防潮、光滑、结构严密、轻便、简单等特点，为了加强肉鸡舍屋顶的保温隔热能力，可在鸡舍内设天棚。鸡舍内的高度通常以净高表示，即地面至天棚或地面至屋架下弦下缘的高。寒冷地区应适当降低净高，而在炎热地区加大净高则是缓和高温影响的有力措施之一（图2-13、图2-14）。

图2-13 鸡舍屋顶内结构　　　　　图2-14 鸡舍屋顶外观

（2）墙壁：根据是否受到屋顶的荷载，墙可分为承重墙与隔断墙；根据是否与外界接触，墙可分为外墙与内墙。墙对鸡舍内温湿状况的保持起重要作用，应具有保温隔热性能（一般25～37厘米厚）；更应具备坚固、耐久、抗震、耐水、防火、抗冻、结构简单、便于清扫和消毒的基本特点。内墙表面应光滑平整，墙面不易脱落、耐磨损、不含有毒有害物质。肉鸡舍所有开口处都应用孔径为2.0厘米的铁丝网封闭，鸡舍的设计和建造不应留有任何鸟类或野生动物进入鸡舍的方便之处。

（3）地面：采用地面平养，无论是否有垫料，鸡群接近地面活动，会受地面的土层许多因素的影响。因此，要求肉鸡舍地面应高于舍外地面0.3米以上，以便创造高燥的环境。同时为保证鸡舍排水系统的通畅，避免污水积存、腐败产生臭气，舍内地面应向排水沟方向做2°~3°的坡。肉鸡舍地面最好为混凝土结构，防止鼠打洞进入鸡舍，防止鸡啄食地面。另外，鸡舍地面还必须便于清扫消毒、防水和耐久。

（4）门窗：一般来讲，肉鸡舍窗户离地面高度为50厘米，高1.2~1.8米，宽1.8~2米。北窗面积比南窗面积小，是南窗面积的2/3左右。窗的总面积是地面面积的15%~20%。门一般设在南向鸡舍的南墙，为两扇门，推拉均可，高2米，宽1.3~1.6米。

（5）肉鸡舍的宽度、长度和高度：我国统一规定以3米进位，即6米、9米、12米。肉鸡舍的宽度最好为12米。鸡舍的长度受鸡群规模大小及机械化设施的影响，地面平养或半网平养肉鸡舍长度为50~80米。肉鸡舍高度一般为2.5~2.7米，不可太高。

（6）肉鸡舍的走道：鸡舍的走道是饲养员每天工作和观察鸡群的场所。走道的设计位置与鸡舍跨度有关，跨度小于9米的一般设在北面，跨度大于9米的可设在鸡舍中间或北面。走道与鸡舍纵轴平行，走道的宽度为1.2米（图2-15）。

图2-15 鸡舍的走道

（7）肉鸡舍内隔间：为了便于鸡舍内通风和饲养员观察鸡群，鸡舍可用铁丝网相隔成小圈，每圈容鸡数以不超过 2 500 只为宜。一般来讲，鸡舍跨度为 12 米时，3 间一隔为一自然间（圈）。

2. 肉鸡舍的类型

（1）肉鸡舍整体结构类型：肉鸡舍整体结构基本分为两大类型：一种是开放式鸡舍，另一种是密闭式鸡舍。开放式鸡舍是采用自然通风换气和自然光照与补充人工光照相结合。密闭式鸡舍又称无窗鸡舍，采用人工光照，机械通风。从全国看，目前，开放、简易、节能鸡舍占商品肉鸡舍的主流，肉种鸡舍多采用密闭式鸡舍。开放和密闭相结合的鸡舍即开放密闭兼用型有很大的推广价值。究竟选择哪种类型的鸡舍，应从当地具体条件出发，根据气候、供电、资金能力而定，不可生搬硬套，一概而论。

①开放式鸡舍：这种类型鸡舍的特点是：鸡舍有窗户，全部或大部分靠自然的空气流通来通风换气，由于自然通风的换气量较小，若鸡舍不添置强制通风设备，一般饲养密度较低，需要投入较多的人工进行调节。因为鸡舍内的采光是依靠窗户进行自然采光，故昼夜的时间长短随季节的转换而变化，舍内的温度基本上也是随季节的转换而升降（图 2-16、图 2-17）。

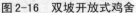

图 2-16　双坡开放式鸡舍　　　　图 2-17　圆拱顶开放式鸡舍

开放式鸡舍的优点：造价低、投资少。设计、建材、施工工艺与内部设置等条件要求较为简单，对材料的要求不严格；鸡体由于经受自然条件的锻炼，能经常活动，适应性较强，体质强健；在气候较为暖和、全年温差不太大的地区使用，可提高鸡群的生产性能。

开放式鸡舍的缺点：外界自然条件变化，对肉鸡的生产性能有很大的影响。生产的季节性极为明显，不利于均衡生产和保证市场的正常供给；开放式管理方式，鸡体易通过昆虫、野禽、土壤、空气等各种途径感染较多的疾病；占地面积大，用工较多。

②密闭式鸡舍（无窗鸡舍）：一般无窗或在南北墙开有小窗，完全密闭，屋顶和四壁保温隔热良好。鸡舍内的小气候通过各种设备进行控制与调节，以最大限度地满足鸡体最适生理要求。鸡舍内采用人工通风与光照。通过调节通风量的大小和速度，在一定范围内控制鸡舍内的温度和相对湿度。夏季炎热时，可通过加大通风量或采取其他降温措施；寒冷季节一般用火道或暖风设备供暖，使舍内温度维持在比较适宜的范围之内（图2-18）。

图2-18　密闭式鸡舍

密闭式鸡舍的优点：这种鸡舍可以消除或减少严寒酷暑、狂风、暴雨等一些不利的自然因素对鸡群的影响，为鸡群提供较为适宜的生活、生产环境；四周的密闭，基本上可杜绝自然媒介传入疾病的途径；密闭式鸡舍采用了人工通风和光照，鸡舍间的间距可大大缩小，从而节约了占地面积。

密闭式鸡舍的缺点：建筑与设备投资高，要求较高的建筑标准和较多的附属设备；鸡群由于得不到阳光的照射，且接触不到土壤，所以饲料供给更为严格，否则鸡群会出现某些营养缺乏性疾病；由于饲养密度高，鸡群大，隔离、消毒及投药都比较困难，鸡只彼此互相感染疾病的机会大大增加，必须采取极为严密、效果良好的消毒防疫措施，确保鸡群健康；由于通风、照明、饲喂、饮水等全部依靠电力，必须有可靠的电源，否则遇有停电，特别是在炎热的夏季，会对肉鸡生产造成严重的影响。

③开放—密闭兼用型：这种鸡舍兼具开放式与密闭式2种类型的特点，

如复合聚苯板组装式拱形鸡舍。

复合聚苯板组装式拱形鸡舍：该鸡舍采用轻钢龙骨架拱形结构，选用聚苯板及无纺布为基本材料，经防水强化处理后的复合保温板材做屋面与侧墙材料，这种材料隔热保温性能极强，导热系数仅为0.033~0.037，是一般砖墙的1/20~1/15，既能有效地阻隔夏季太阳能的热辐射，又能在冬季减少舍内热量的散失。两侧为窗式通风带，窗仍采用复合保温板材，当窗完全关闭时，舍内完全密闭，可以使用湿帘降温纵向通风或暖风炉设备控制舍内环境；当窗同时掀起时，舍内成凉棚状，与外界形成对流通风环境，南北侧可以横向自然通风，自然采光，节约能源与费用，具有开放式鸡舍的特点。所以，该鸡舍属于开放—密闭兼用型鸡舍，可以适应外界环境的变化而改变形态。

鸡舍建筑投资包括基础、地圈梁、龙骨架、屋面、通风窗五大部分。地面以上无砖结构，属于组装式轻型结构。建材主要为钢材、复合保温板、水泥、黏土、少量砖。由于复合聚苯板质轻、价廉、耐腐蚀、保温性能好，因而降低了投资造价，降低了肉鸡的饲养成本，增强了市场竞争力。鸡舍结构简单，组装容易，建场工期短、见效快，有利于加快资金周转。通风、温度、照明皆可利用外界的自然能源。

（2）肉鸡舍地面类型：肉鸡舍地面类型可以分为以下2种。

①全垫料地面：地面全部铺以厚约20厘米的垫料，垫料经常更换。这种地面养肉用仔鸡，饲养密度较低，鸡较易患寄生虫病（图2-19）。

②全条板加全金属网（塑料网）地面：地面是在离地面50~60厘米高处全部铺设条板，板上铺金属

图2-19 全垫料地面

网（塑料网），使用金属网时网面一定要铺得平整。条板宽度2.5~5厘米，条板间隙为2.5厘米。优点是网面饲养的鸡减少了与粪便的接触，发病率降低

（图2-20）。

图2-20　条板加塑料网地面

　　闲置的农村住房经适当改造也可作为优质肉鸡舍，但这种房屋通风差，空间有限，生产量小，也不利于防疫。对少量饲养的农户可利用这些房屋及院落，必要时加以改造，如可将窗户扩大放低，以增加通风量和采光面，尽可能前后都设窗户，也可在屋顶开口加通风罩，或改造成钟楼式，并装上可以开启的小门。

　　3. 肉鸡舍保温隔热建材的选择

　　鸡舍温度对肉鸡的生长发育和饲料消耗有直接关系，鸡群在适宜温度范围内能保持良好的生理状况，可以充分发挥生产潜力，达到较高的生产水平，消耗较低的饲料，获得较高的经济效益。

　　（1）肉鸡舍的隔热：不管鸡舍类型如何，对大部分墙壁和屋顶都必须采用隔热材料或隔热装置，这对开放式和密闭式鸡舍都必不可少。大多数隔热装置或隔热材料用于屋顶部分，因为在寒冷天气中这是失热最大的区域，而在炎热天气中，这又是阳光直接照射的区域。防热措施则主要靠加强通风，夏季将所有门窗或卷帘打开，特别是地窗或下部风口，南北对流形成"扫地风"，对降低舍内温度起着十分明显的作用。还可利用鸡舍外面种草种树，增加绿色植物覆盖率，降低舍外气温，对鸡舍防热也有明显的作用。此外，利用湿帘降温也是行之有效的技术设施，近年来各大鸡场均有采用，起到了良好的降温效果。

（2）肉鸡舍的保温：一方面加强门窗或卷帘的管理，防止冷风渗透；另一方面是选用保温性能好的建筑材料，加厚北墙的厚度和屋顶的吊装顶棚等建筑措施。通风供热方面也已有配套的工程技术设施，多采用热风炉或热交换器以正压供热的通风方式解决肉鸡舍供暖。

四、肉鸡场常用设备

（一）供料设备

1. 开食盘

适用于雏鸡最初几天的饲养，目的是让雏鸡有更多的采食空间，开食盘有方形、圆形等不同形状。面积大小视雏鸡数量而定，一般为60～80只/个，圆形开食盘直径为350毫米或450毫米，多用塑料制成（图2-21）。

图2-21　开食盘

2. 料桶

它的特点是一次可添加大量饲料，贮存于桶内，鸡只可不停地采食。料桶材料一般为塑料或玻璃钢，容重3～10千克。容量大，可以减少喂料次数，减少对鸡群的干扰，但由于布料点少，会影响鸡群的均匀度；容量小，喂料次数和布点多，可刺激食欲，有利于肉鸡采食和增重（图2-22）。

图2-22　料桶

3. 料槽

合理的料槽应该是表面光滑平整、采食方便、不浪费饲料、鸡不能进入、便于拆卸清洗和消毒。制作料槽的材料可选用木板、竹筒、镀锌板等。常见的料槽为条形,主要用于笼养种鸡(图2-23)。

4. 链条式喂料系统

包括料箱、驱动装置、支架型链式喂料系统。能够保证将饲料均匀、快速、及时的输送到整栋鸡舍(图2-24)。

图2-23 料槽

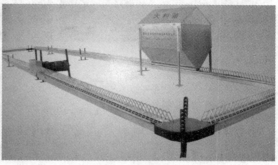
图2-24 链条式喂料系统

5. 行车式喂料系统

包括地面料斗、输料管道及管道内螺旋弹簧、动力,将饲料输送到鸡舍内的行车式喂料车(图2-25、图2-26)。

图2-25 地面料斗

图2-26 行车式喂料机

6. 斗式喂料系统

包括室外料塔、输料管道及管道内螺旋弹簧、动力,将饲料输送到鸡舍内的斗式喂料车（图2-27、图2-28）。

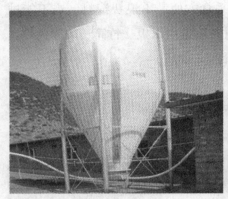

图2-27　储料塔　　　　　　　　　　图2-28　斗式喂料车

7. 塞盘式喂料系统

包括室外料塔、输料管道及管道内螺旋弹簧、动力，将饲料输送到鸡舍内的给料系统（图2-29）。

图2-29　塞盘式喂料系统

（二）饮水设备

一个完备的舍内自动饮水设备应该包括过滤、减压、消毒和软化装置，以及饮水器及其附属的管路等。其作用是随时都能供给肉鸡充足、清洁的水，满足鸡的生理要求，但是软化装置投资大，设备复杂，一般难以做到很理想的程度，可以根据当地水质硬度情况给以灵活安排（图2-30、图2-31）。

图2-30　过滤器

图2-31　减压水箱

目前，肉鸡常用的饮水器有水槽、乳头式、杯式、真空式、吊塔式等，最常用的饮水器主要有以下几种。

1. 水槽

主要用于笼养肉种公鸡。水槽的截面有"V"形和"U"形，多为长条形塑料制品，能同时供多只鸡饮水。水槽结构简单，成本低廉，便于直观检查。缺点是耗水量大，公鸡在饮水时容易污染水质，增加了疾病的传播机会。水槽应每天定时清洗消毒。水槽的水量控制有人工加水或水龙头常流水（图2-32）。

图2-32　水槽

2. 乳头式饮水器

分为锥面、平面和球面密封型3大类，设备利用毛细管原理，在阀杆底部经常保持挂有1滴水，当鸡啄水滴时便触动阀杆顶开阀门，使水自动流出供其饮用，平时则靠供水系统对阀体顶部的压力，使阀体紧压在阀座上防止漏水，乳头式饮水器适用于2周龄以上肉鸡（图2-33、图2-34）。

图2-33　乳头式饮水器　　　　图2-34　平养自动乳头水线、料桶

3. 杯式饮水器

杯式饮水器由杯体、杯舌、销轴和密封帽等组成，它安装在供水管上。杯式饮水器供水可靠，不易漏水，耗水量小，不易传染疾病，主要缺点是鸡饮水时将饲料残渣带进杯内，需要经常清洗。清洗比较麻烦（图2-35）。

4. 塔形真空饮水器

由一个上部呈馒头形或尖顶的圆桶，与下面的1个圆盘组成。圆桶顶部和侧壁不漏气，基部离底盘高2.5厘米处开1～2个小圆孔，圆桶盛满水后，当底盘内水位低于小圆孔时，空气由小圆孔进入桶内，水就会自动流到底盘；当盘内水位高出小圆孔时，空气进不去，水就流不出来。这种饮水器结构简单，使用方便，便于清洗消毒（图2-36）。

图2-35　杯式饮水器　　　　　图2-36　真空饮水器

5. 吊塔式饮水器

主要用于平养肉仔鸡。饮水器吊在鸡舍内，高度可调，不妨碍鸡的自由活动，又使鸡在饮水时不能踩入水盘，可以避免鸡粪等污物落入水中。顶端有进水孔用软管与主水管相连。使用吊塔式饮水器时，水盘环状槽的槽口平面应与鸡背等高（图2-37）。

（三）控温设备

包括降温设备和升温设备两种。升温设备主要有地下烟道、红外灯、热风机、煤炉等。降温设备主要有湿帘、风机降温设备、低压喷雾系统和高压喷雾系统。

图2-37 吊塔式饮水器

1. 地下烟道

主要用于简易棚舍网上平养，由炉灶、烟道、烟囱构成。炉灶口设在棚舍外，烟道可用金属管、瓦管或陶瓷管铺设，也可用砖砌成，烟道一端连炉灶，另一端通向烟囱。烟道安装时，应注意有一定的斜度，近炉端要比近烟囱端低10厘米左右。烟囱高度相当于管道长度的1/2，并要高出屋顶。过高吸火太猛，热能浪费大，过低吸火不利，室内温度难以达到规定要求。砌好

图2-38 室外炉灶口

后应检查烟道是否通畅，传热是否良好，并要保证烟道不漏烟（图2-38、图2-39、图2-40）。

图2-39　室内砖砌烟道　　　　　　　　图2-40　室外烟囱

2. 红外灯

红外灯具有产热性能好的特点，在电源供应较为正常的地区，可在育雏舍内温度不足时补充加热。灯泡的功率一般为250瓦，悬挂在离地面35～40厘米处，并可根据育雏温度高低的需要，调节悬挂高度（图2-41）。

3. 暖风机

暖风机供暖系统的组成主要由进风道、热交换器、轴流风机、混合箱、供热恒温控制装置、主风道组成。通过热交换器的通风供暖方式，是到目前为止效果最好的，它一方面使舍内温度均匀，空气清新；另一方面节能效果显著，效益也不错（图2-42）。

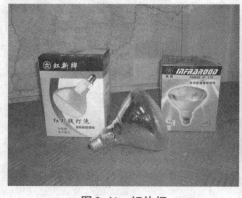

图2-41　红外灯　　　　　　　　　　图2-42　暖风机

4. 暖风炉

主要由暖风炉、轴流风机、有孔热风管、调风门等组成。暖风炉是供暖设备系统的主体设备，它是以空气为介质，以煤为燃料，向供暖空间提供洁净的热空气（图2-43）。

5. 火炉

广大农村养鸡户，特别是简易棚舍或平房养殖户，较多采用火炉取暖，使用火炉取暖要注意取暖与通风的协调，避免一氧化碳中毒（图2-44）。

图2-43　暖风炉

图2-44　火炉

6. 湿帘及风机降温设备

该设备主要用于密闭式鸡舍，是一种新型的降温设备。它是利用水蒸气降温的原理来改善鸡舍热环境。主要由湿帘和风机组成，循环水不断淋湿其湿帘，产生大量的湿表面，吸收空气中的热量而蒸发；通过低压节能风机的作用，使鸡舍内形成负压，舍外的热空气便通过湿帘进入鸡舍内，由于湿帘表面吸收了所进入空气中的一部分热量使其温度下降，从而达到使舍内温度降低的目的（图2-45、图2-46）。

7. 低压喷雾系统

喷嘴安装在鸡舍上方，以常规压力进行喷雾。用于风机辅助降温的开放式鸡舍。

 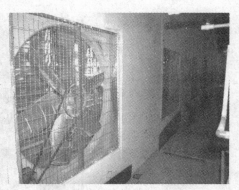

图 2-45　湿帘　　　　　　　　　　图 2-46　风机

8. 高压喷雾系统

　　特制的喷头可以将水由液态转为气态，这种变化过程具有极强的冷却作用。它是由泵组、水箱、过滤器、输水管、喷头组件、固定架等组成，雾滴直径在80～100微米。一套喷雾设备可安装3列并联150米长的喷雾管路。按一定距离安装喷头，喷头为悬芯式，喷孔直径0.55～0.6毫米，雾粒直径在100微米以下。当鸡舍温度高于设定温度时，温度传感器将信号传送给控制装置，系统会自动接通电路，驱动水泵，水流被加压到275千帕时，经过滤器进入鸡舍管道内，喷头开始喷雾，喷雾约2分钟后间歇15～20分钟再喷雾2分钟，如此循环。鸡舍内湿度为70%时，舍内温度可降低3～4℃（图2-47、图2-48）。

图 2-47　喷头　　　　　　　　　图 2-48　安装在屋顶的喷头

（四）通风、照明设备

鸡舍的通风换气按照通风的动力可分为自然通风、机械通风和混合通风3种，机械通风主要依赖于各种形式的风机设备和进风装置。

1. 常用风机类型

轴流式风机、离心式风机，圆周扇和吊扇一般作为自然通风鸡舍的辅助设备，安装位置与数量要视鸡舍情况而定。

2. 进气装置

进气口的位置和进气装置，可影响舍内气流速度、进气量和气体在鸡舍内的循环方式。进气装置有以下几种形式。

（1）窗式导风板：这种导风装置一般安装在侧墙上，与窗户相通，故称"窗式导风板"，根据舍内鸡的日龄、体重和外界环境温度来调节风板的角度。

（2）顶式导风装置：这种装置常安装在舍内顶棚上，通过调节导风板来控制舍外空气流量。

（3）循环用换气装置：是用来排气的循环换气装置，当舍内温暖空气往上流动时，根据季节的不同，上部的风量控制阀开启程度不同，这样排出气体量与回流气体量亦随之改变，由排出气体量与回流气体量比例的不同来调控舍内空气环境质量。

3. 照明设备

肉鸡舍一般常用的是普通白炽电灯泡照明，灯泡以15～40瓦为宜，肉仔鸡后期使用15瓦灯泡为好，每20平方米使用1个，灯泡高度以1.5～2米为宜。为节约能源，现在很多鸡场使用节能灯。

（五）消毒设备

1. 火焰消毒

主要用于肉鸡入舍前、出栏后喷烧舍内笼网和墙壁上的羽毛、鸡粪等残存物，以烧死附着的病原微生物。火焰消毒设备结构简单，易操作，安全可靠，以汽油或液化气作燃料，消毒效果好，操作过程中要注意防火，最好戴防护眼镜（图2-49、图2-50）。

图 2-49　燃气火焰喷烧器　　　　图 2-50　汽油火焰喷灯

2. 自动喷雾消毒器

　　这种消毒器可用于鸡舍内部的大面积消毒，也可作为生产区人员和车辆的消毒设施。用于鸡舍内的固定喷雾消毒（带鸡消毒）时，可沿鸡舍上部，每隔一定距离装设一个喷头，也可将喷头安装在行走式自动料车上；用于车辆消毒时

图 2-51　自动喷雾消毒喷头

可在不同位置设置多个喷头，以便对车辆进行彻底的消毒（图2-51）。

3. 高压冲洗消毒

　　用于房舍墙壁、地面和设备的冲洗消毒。该设备粒度大时具有很大的压力和冲力，能将笼具和墙壁上的灰尘、粪便等冲刷掉。粒度小时可形成雾状，加消毒药物则可起到消毒作用。气温高时还可用于喷雾降温（图2-52、图2-53）。

图 2-52　高压冲洗消毒机　　　　图 2-53　小型高压冲洗消毒机

此外还有畜禽专用气动喷雾消毒器，跟普通喷雾器的工作原理一样，人工打气加压，使消毒液雾化并以一定压力喷射出来（图2-54）。

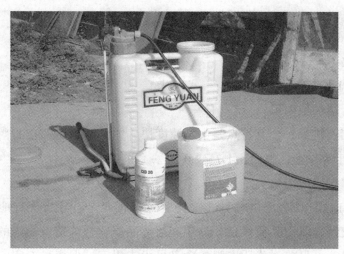

图2-54 喷雾消毒器

（六）其他设施

1.清粪设施

除了常用的粪车、铁锹、刮粪板、扫帚外，大型肉鸡场要使用自动清粪系统。牵引式刮粪机：包括刮粪板、钢绳和动力（图2-55）。

2.断喙设备

为减少饲料浪费及相互啄食，肉种鸡需要断喙。断喙器型号很多（图2-56）。

图2-55 牵引式清粪系统

图2-56 断喙器

第三章 肉用型鸡品种介绍

一、肉用鸡品种特点

（一）速长型肉用鸡

一般指引进品种，其特点是生长速度快、饲料报酬高。42日龄出栏，出栏体重2.5千克以上，料肉比1.7～2.0：1。

（二）优质肉用鸡

优质肉鸡的概念是相对引进快长型肉鸡而言，通常指含有地方鸡种血缘，生长较慢，肌肉品质优良，外貌和屠体品质适合消费者需求的地方鸡种或"仿土鸡"。目前对优质肉鸡的含义虽尚未界定，但育种专家一致认为，优质肉鸡应具备以下条件。

（1）食用品质好：鸡肉嫩而鲜美，含有适当的肌间脂肪和皮下脂肪，前者可改善肌肉嫩度，增加香味，后者使鸡皮有一定的弹性，咀嚼的口感良好。

（2）胴体品质优良：胴体丰满，皮肤浅黄色，骨细肉多，腹部脂肪不宜过多。

（3）适当长的饲养期（90～110日龄）：有利于肌肉内风味物质的积累，确保其品质。

（4）活体羽毛丰满，健康活泼，上市体重1.5～2.0千克，料重比2.7～3.2：1。

我国的优质肉鸡是在优良地方鸡种基础上吸收部分快长型肉鸡血统选育而成。我国许多原始地方鸡种的一大显著特点是风味独特、肉质鲜美。据统计，近几年国内鸡肉消费量的50%来自肉质独特的优质肉鸡。

二、主要肉鸡品种介绍

（一）引进肉鸡品种（配套系）

1. AA肉鸡

爱拔益加肉鸡简称AA肉鸡，该品种由美国爱拔益加家禽育种公司育成，四系配套杂交，白羽。特点是体型大，生长发育快，饲料转化率高，适应性强。因其育成历史较长，肉用性能优良，为我国肉鸡生产的主要鸡种。祖代父本分为常规型和多肉型（胸肉率高），均为快羽，生产的父母代雏鸡翻肛鉴别雌雄。祖代母本分为常规型和羽毛鉴别型，常规型父系为快羽，母系为慢羽，生产的父母代雏鸡可用快慢羽鉴别雌雄；羽毛鉴别型父系为慢羽，母系为快羽，生产的父母代雏鸡需翻肛鉴别雌雄，其母本与父本快羽公鸡配套杂交后，商品代雏鸡可以快慢羽鉴别雌雄。

常规系父母代种鸡平均开产日龄175天，开产体重2 830～3 060克，高峰产蛋率87%；入舍母鸡平均产蛋185枚，平均产雏159只。商品代肉鸡42日龄公鸡重3 180克，母鸡重2 690克，混养体重2 940克。料肉比2.24～2.58：1。

羽速自别系父母代种鸡平均开产日龄175天，开产体重2 830～3 060克，高峰产蛋率86%；入舍母鸡平均产蛋182枚，平均产雏155只。商品代肉鸡42日龄公鸡重3 310克，母鸡重2 760克，混养体重3 040克。料肉比2.24～2.59：1（图3-1）。

2. 艾维茵肉鸡

是北京家禽育种公司引进的白羽肉鸡配套系。父母代种鸡育成期成活率95%；开产日龄175～182天，平均开产体重2 900克，31～32周龄达产蛋高峰，高峰产蛋率86%；66周龄入舍母鸡平均产蛋187枚，平均产合格种蛋176枚，平均产雏153只；产蛋期成活率90%～92%。商品代肉鸡42日龄公母鸡平均体重2 180克，料肉比1.84：1；49日龄公母鸡平均体重2 680克，料肉比1.98：1；56日龄公母鸡平均体重3 150克，料肉比2.12：1（图3-2）。

图3-1　AA肉鸡

图3-2　艾维茵肉鸡

第三章　肉用型鸡品种介绍

3. 海波罗肉鸡

是荷兰泰高国际集团海波罗公司培育的白羽肉鸡配套系。父母代种鸡 1～20 周龄成活率 94%；平均开产日龄 161 天，平均开产体重 2 660 克，30 周龄达产蛋高峰，高峰产蛋率 84%；65 周龄入舍母鸡平均产蛋 183 枚，平均产合格种

图 3-3　海波罗肉鸡

蛋 171 枚，平均产雏 139 只，平均体重 3 675 克。商品代肉鸡 42 日龄公母鸡平均体重 2 418 克，料肉比 1.74∶1；49 日龄公母鸡平均体重 2 970 克，料肉比 1.85∶1（图 3-3）。

4. 罗曼肉鸡

是德国罗曼印第安河公司培育的白羽肉鸡配套系。父母代种鸡平均开产日龄 182 天，平均开产体重 2 520～2 680 克；30～31 周龄达产蛋高峰，高峰产蛋率 81%；64 周龄入舍母鸡平均产蛋 164 枚，平均产合格种蛋 155 枚，平均产雏 131 只。商品代肉鸡 35 日龄公母鸡平均体重 1 495 克，料肉比 1.66∶1；

图 3-4　罗曼肉鸡

42 日龄公母鸡平均体重 1 945 克，料肉比 1.82∶1；49 日龄公母鸡平均体重 2 395 克，料肉比 1.98∶1；56 日龄公母鸡平均体重 2 835 克，料肉比 2.15∶1；63 日龄公母鸡平均体重 3 265 克，料肉比 2.30∶1（图 3-4）。

5. 安卡白肉鸡

是以色列 PBU 公司培育的白羽肉鸡配套系。父母代种鸡平均开产日龄 175 天；66 周龄入舍母鸡平均产蛋 185 枚，平均产合格种蛋 174 枚，平均

产雏 148 只，淘汰鸡平均体重
3 680 克。商品代肉鸡 42 日龄
公鸡平均体重 2 245 克，母鸡平
均体重 1 845 克，公母鸡平均体
重 2 050 克，料肉比 1.90∶1；
49 日龄公鸡平均体重 2 780 克，
母鸡平均体重 2 220 克，公母
鸡平均体重 2 500 克，料肉比
2.05∶1。该公司还培育了快大
黄羽肉鸡配套系——安卡红肉
鸡（图3-5）。

图3-5　安卡白肉鸡

6. 红宝肉鸡

是法国哈伯德伊莎公司培育的快大肉鸡配套系。父母代种鸡 24 周龄平
均体重 2 425 克；平均开产日龄 168 天，29～30 周龄达产蛋高峰，高峰产蛋
率 85%；66 周龄入舍母鸡平均
产蛋 188 枚，平均产合格种蛋
152 枚，平均体重 3 200 克。商品
代肉鸡 42 日龄公母鸡平均体重
1 580 克，料肉比 1.85∶1；49 日
龄公母鸡平均体重 1 930 克，料
肉比 2.0∶1；56 日龄公母鸡平
均体重 2 280 克，料肉比 2.1∶1
（图3-6）。

图3-6　红宝肉鸡

7. 罗斯 308

是英国罗斯公司培育的快大肉鸡配套系。罗斯 308 父母代高峰产蛋率
88%；平均产合格种蛋 177 枚，种蛋孵化率 86%，平均产雏 149 只。商品代肉
鸡可以混养，也可以通过羽速自别，将公母分开饲养，出栏均匀度好，成品
率高。商品代肉鸡 42 日龄公母鸡平均体重 2 474 克，料肉比 1.72∶1；公鸡平
均体重 2 676 克，料肉比 1.68∶1；母鸡平均体重 2 272 克，料肉比 1.77∶1；

49日龄料肉比1.82：1（图3-7、图3-8）。

图3-7　罗斯308肉鸡　　　　图3-8　罗斯308商品代肉鸡

（二）我国原始地方鸡品种

我国国土幅员辽阔，自然生态条件差异较大，在不同的地域分布着各具特色的地方鸡品种。多数鸡种是蛋肉兼用型，部分为产蛋或产肉，还有药用、观赏的。数量众多的地方品种为我国家禽育种工作者培育优质专门化品系提供了丰富的遗传资源。据分析，以各地地方品种为素材培育的优质肉鸡，无论在肌肉品质还是在肉质风味，都优于引进的快大型肉鸡，更适合中国人的消费习惯。

1. 右玉鸡

肉蛋兼用型。主产于山西省右玉县，分布于五寨、平鲁、偏关、神池、左云，以及与山西毗邻的内蒙古自治区乌兰察布盟的凉城、和林、丰镇、兴和等地。该鸡种以适应性强、耐粗饲、耐寒、性情温顺、肉质鲜美而著称。

右玉鸡体型大，蛋重大。肉味鲜美，肉质细腻，肉色发红，肉中富含胶原蛋白；蛋黄比例大且沙，蛋黄金黄，鲜香适口。右玉鸡胸背宽深。喙石板色，较短，微弯曲。母鸡羽色以黄麻为主，有黑色、白色、褐麻色；公鸡羽毛金黄色，尾羽黑中带绿，长而弯垂。母鸡冠中等高，有单冠、玫瑰冠等，单冠多"S"形弯曲。胫青色或粉红色，以青色居多。少数鸡有凤冠、毛腿和五爪。山西省农业科学院畜牧兽医研究所2007年通过收集民间散养的右玉鸡，进行组群整理和生产性能测定，至2010年9月经过4个世代的家系纯繁，已形成5个具有不同外形特征的固定品系：麻羽单冠、黑羽单冠、白羽单冠、有色羽复冠、白羽复冠。

资料介绍：母鸡平均开产日龄240天，平均年产蛋120枚，平均蛋重67克，高者可达84克。蛋壳褐色、粉色。公鸡性成熟期110～130天。180日龄公鸡重1 284克，母鸡重1 169克；成年公鸡重3 000克，母鸡重2 000克。

山西省农业科学院畜牧兽医研究所育种群数据：雏鸡出壳重32～36克；70日龄公鸡重1 100克，母鸡重850克；180日龄公鸡重2 000克，母鸡重1 500克；成年公鸡重2 100～2 500克，母鸡重2 000～2 250克。120日龄公鸡平均全净膛屠宰率75%，母鸡为71%。5个品系平均开产日龄165～185天；500日龄入舍母鸡平均产蛋120～150枚，蛋重55～60克（图3-9、图3-10至图3-16）。

图3-9　右玉鸡麻羽单冠公鸡　图3-10　右玉鸡麻羽单冠母鸡　图3-11　右玉鸡黑羽单冠公鸡

图3-12　右玉鸡黑羽单冠母鸡　图3-13　右玉鸡白羽单冠公鸡　图3-14　右玉鸡白羽单冠母鸡

图3-15 右玉鸡有色羽复冠　　　　图3-16 右玉鸡白羽复冠

2. 北京油鸡

北京油鸡是北京地区特有的优良地方品种，距今已有300多年的历史。属肉蛋兼用型，具有特殊的外貌（即凤头、毛腿和胡子嘴），肉质细嫩，肉味鲜美，蛋质优良，有生活力强和遗传性稳定等特点。

北京油鸡体躯中等，羽色美观，主要为赤褐色和黄色羽色。赤褐色鸡体型较小，黄色鸡体型大。雏鸡绒毛呈淡黄或土黄色。冠羽、胫羽、髯羽也很明显，很惹人喜爱。成年鸡羽毛厚而蓬松。公鸡羽毛色泽鲜艳光亮，头部高昂，尾羽多为黑色。母鸡头、尾微翘，胫略短，体态墩实；单冠，冠小而薄，在冠的前端常形成一个小的"S"状褶曲。北京油鸡羽毛较其他鸡种特殊，具有冠羽和胫羽，有的个体还有趾羽。不少个体下颌或颊部有髯须，故称为"三羽"（凤头、毛腿和胡子嘴），这就是北京油鸡的主要外貌特征。

北京油鸡生长缓慢，出壳重38.4克，4周龄重220克，8周龄重549.1克，12周龄重959.7克，16周龄重1 228.7克，20周龄公鸡重1 500克，母鸡重1 200克。全净膛屠宰率公鸡为76.6%，母鸡为65.6%。

母鸡平均开产日龄210天，开产体重1 600克，在散养条

图3-17 北京油鸡

件下平均年产蛋110枚，高的可达125枚，平均蛋重56克。蛋壳褐色、浅紫色。公鸡性成熟期60～90日龄。成年公鸡重2 049克，母鸡重1 730克（图3-17）。

3. 汶上芦花鸡

芦花鸡原产于汶上县的汶河两岸，故称为汶上芦花鸡，蛋肉兼用型。现以该县西北部的军屯、杨店、郭仓、郭楼、城关、寅寺6乡镇饲养数量最多，另与汶上县相邻地区也有分布。汶上芦花鸡遗传性能稳定，具有一致的羽色和体型特征，体型小，耐粗饲，抗病力强，产蛋较多，肉质好，深受当地群众喜爱，在当地饲养量较大，但近十年来随外来鸡种的推广，产区芦花鸡的数量已占很小的比例，鸡群开始混杂，种质出现退化，产蛋性能良莠不齐。

汶上芦花鸡体型呈"元宝"状，颈部挺直，前驱稍窄，背长而平直，后躯宽而丰满，胫较长，尾羽高翘。横斑羽是该鸡外貌的基本特征，全身大部分羽毛呈黑白相间、宽窄一致的斑纹状。母鸡头部和颈羽边缘镶嵌橘红色或黄色，羽毛紧密，清秀美观。公鸡颈羽和鞍羽多呈红色，尾羽呈黑色且带有绿色光泽。头型多为平头，冠以单冠为主，有少数胡桃冠、玫瑰冠、豆冠。喙基部为黑色，边缘及尖端呈白色。虹彩以橘红色为最多，土黄色为次之。爪部颜色以白色最多，皮肤白色。胫、趾以白色居多，也有花色、黄色或青色。

成年公、母鸡体重分别为1 400克和1 260克，体斜长分别为16.4厘米和17.8厘米。雏鸡生长速度受饲养条件、育雏季节不同有一定差异。到4月龄公鸡平均体重1 180克，母鸡920克。羽毛生长较慢，一般到6月龄才能全部换为成年羽。公母鸡全净膛率分别为71.21%和68.91%。

母鸡性成熟期为150～180天，平均开产日龄165天，年产蛋130～150枚，高者达180～200枚，平均蛋重45克。蛋壳多为粉红色，少数为白色。公鸡性成熟期150～180天。公母比例1：12～15，种蛋受精率90%以上。就巢性母鸡约占3%～5%，持续20天左右。成年鸡换羽时间一般在每年的9月份以后，换羽持续时间不等，高产个体在换羽期仍可产蛋（图3-18）。

图3-18　汶上芦花鸡

4.固始鸡

蛋肉兼用型,原产于河南省固始县。主要分布于淮河流域以南、大别山山脉北麓的固始、商城、新县、光山、息县、潢川、罗山、信阳、淮滨等地,安徽省霍邱、金寨等地也有分布。

固始鸡个体中等,外观清秀灵活,体型细致紧凑,结构匀称,羽毛丰满,尾型独特。初生雏绒羽呈黄色,头顶有深褐色绒羽带,背部沿脊柱两侧各有4条深褐色绒羽带。成鸡冠型分为单冠与豆冠两种,以单冠者居多,冠直立,冠齿为6个,冠后缘冠叶分叉。冠、肉垂、耳叶和脸均呈红色。眼大略向外突起,虹彩呈浅栗色。喙短略弯曲、呈青黄色。胫呈靛青色,四趾,无胫羽。尾型分为佛手状尾和直尾两种,佛手状尾尾羽向后上方卷曲,悬空飘摇这是该品种的特征。皮肤呈暗白色。公鸡羽色呈深红色和黄色,镰羽多带黑色而富青铜光泽,母鸡的羽色以麻黄色和黄色为主,白色、黑色很少。该鸡种性情活泼,敏捷善动,觅食能力强。

固始鸡平均出壳重33克;30日龄重106克;60日龄重266克;90日龄公鸡重488克,母鸡重355克;120日龄公鸡重650克,母鸡重497克;180日龄公鸡重1 270克,母鸡重967克;成年公鸡重2 470克,母鸡重1 780克。180日龄公鸡平均半净膛屠宰率为81.76%,平均全净膛屠宰率为73.92%;开产前母鸡半净膛屠宰率为80.16%,平均全净膛屠宰率为70.65%。

母鸡平均开产日龄205天,平均年产蛋141枚,平均蛋重51克。公鸡性成熟期110天。公母鸡配种比例1:12。种蛋平均受精率为90.4%,受精蛋孵

化率83.9%。公母鸡可利
用年限1~2年。

自1998年起，河南
省三高集团利用固始当地
的资源组建基础群，采
用家系选育和家系内选
择开展系统工作，形成
了多个各具特色的品系
（图3-19）。

图3-19　固始鸡

5. 文昌鸡

肉蛋兼用型。主产于海南省文昌市，分布于海南省境内及广东省湛江等
地。文昌鸡以皮薄、骨酥、肌肉嫩滑、肉质鲜美、耐热、耐粗而著名。

文昌鸡羽色有黄色、白色、黑色和芦花等。体型前小后大，呈楔形，
体躯紧凑，颈长短适中，胸宽，背腰宽短，结构匀称。单冠，冠齿6~8个。
冠、肉髯、耳叶鲜红。皮肤米黄色，胫、趾短细，胫前宽后窄，呈三角形，
胫、趾淡黄色。

文昌鸡平均出壳重28克；30日龄重195克；90日龄公鸡重1050克，母
鸡重980克；120日龄公鸡重1500克，母鸡重1300克；成年公鸡重1800克，
母鸡重1500克。成年公鸡平均全净膛屠宰率为75.00%；母鸡为70.30%。

母鸡平均开产日龄145天，68周龄产蛋100~132枚，平均蛋重49克。蛋壳
浅褐色或乳白色。公母鸡
配种比例1∶10~13。种蛋
合格率95%以上，种蛋平
均受精率为90%，受精蛋
孵化率为90%。公鸡利用
年限1~2年，母鸡2~3年
（图3-20、图3-21、
图3-22）。

图3-20　文昌白羽鸡

图3-21　文昌黄羽鸡　　　　图3-22　文昌芦花鸡

6. 清远麻鸡

小型肉用型。原产于广东省清远县（现清远市）。分布于原产地邻近的花县、四会、佛冈等地及珠江三角洲的部分地区。目前，在广东省清远市建有保种场。因母鸡背侧羽毛有细小黑色斑点，故称麻鸡。它以体型小、皮下和肌间脂肪发达、皮薄骨软而著名，素为我国活鸡出口的小型肉用名产鸡之一。

体型特征可概括为"一楔、二细、三麻身"。"一楔"指母鸡体型像楔形，前躯紧凑，后躯圆大；"二细"指头细、脚细；"三麻身"指母鸡背羽面主要有麻黄、麻棕、麻褐3种颜色。公鸡颈部长短适中，头颈、背部羽金黄色，胸羽、腹羽、尾羽及主翼羽黑色，肩羽、蓑羽枣红色。母鸡颈长短适中，头部和颈前1/3的羽毛呈深黄色。背部羽毛分黄、棕、褐3色，有黑色斑点，形成麻黄、麻棕、麻褐3种。单冠直立。胫趾短细、呈黄色。

农家饲养以放牧为主，在天然食饵较丰富的条件下，其生长较快，120日龄公鸡体重为1 250克，母鸡为1 000克，但一般要到180日龄才能达到肉鸡上市的体重。

肥育方法多采用暗室笼养。成年公鸡体重为2 180克，母鸡为1 750克。屠宰测定：6月龄母鸡半净膛屠宰率为85%，全净膛屠宰率为75.5%，阉公鸡半净膛屠宰率为83.7%，全净膛屠宰率为76.7%。年产蛋为70～80枚，平均蛋重为46.6克，蛋形指数1.31，蛋壳浅褐色（图3-23）。

图3-23　清远麻鸡

7. 杏花鸡

又称米仔鸡，小型肉用型。主产于广东省封开县杏花乡，主要分布于广东省封开县内，周边地区也有分布。

杏花鸡具有早熟、易肥、皮下和肌间脂肪分布均匀、骨细皮薄、肌纤维细嫩等特点。鸡体特征可概括为"两细"（头细、脚细）、"三黄"（羽黄、脚黄、喙黄）和"三短"（颈短、体躯短、脚短）。皮肤多为淡黄色。公鸡头大，冠大直立，冠、耳叶及肉垂鲜红色；虹彩橙黄色；羽毛黄色略带金红色，主翼羽和尾羽有黑色；脚黄色。母鸡头小，喙短而黄；单冠，冠、耳叶及肉垂红色；虹彩橙黄色；体羽黄色或浅黄色，颈基部羽多有黑斑点（称"芝麻点"），形似项链；主、副翼羽的内侧多呈黑色，尾羽多数有几根黑羽。杏花鸡羽毛生长速度较快，3日龄的雏鸡开始长主翼羽，羽长达0.5~1.5厘米，20日龄开始长主尾羽，40日龄身体各部分羽毛都开始生长，60日龄全部长齐，羽毛丰满。

农家以放养为主，整天觅食天然食饵，只在傍晚归牧后饲以糠拌稀饭，因此，杏花鸡早期生长缓慢。在用配合饲料条件下，未开产的母鸡，一般养至5~6个月龄，体重达1 000~1 200克，经10~15天肥育，体重可增至1 150~1 300克。

56日龄公鸡重498克，母鸡重461克；84日龄公鸡重835克，母鸡重704克；112日龄公鸡重1 256克，母鸡重1 033克；成年公鸡重1 950克，母鸡重1 590克。112日龄公鸡平均半净膛屠宰率为79.0%，母鸡为

图3-24 杏花鸡

76.0%；112日龄公鸡平均全净膛屠宰率为74.7%，母鸡为70.0%（图3-24）。

（三）优质肉鸡配套系

1. 苏禽黄鸡

中国农业科学院家禽研究所培育的优质黄鸡配套系，分Ⅰ型（优质

型）、Ⅱ型（快速型）和Ⅲ型（快速青脚型）。其中，Ⅰ型、Ⅱ型已于2000年通过江苏省畜禽品种审定委员会审定。获1999年农业部科技进步二等奖，2001年江苏省科技进步三等奖。

Ⅰ型父母代种鸡1～20周龄成活率97%；开产日龄147～154天，开产体重1 730～1 820克，28～29周龄达产蛋高峰，高峰期产蛋率88%；68周龄产蛋190～205枚；21～68周龄成活率95%。商品肉鸡56日龄公母鸡平均体重1 039克，料肉比2.41∶1（图3-25）。

图3-25　苏禽黄鸡Ⅰ型

Ⅱ型父母代种鸡1～20周龄成活率95%；开产日龄161天，开产体重1 860～1 940克，28～29周龄达产蛋高峰，高峰期产蛋率83%；68周龄产蛋185～190枚；21～68周龄成活率93%。商品肉鸡42日龄公母鸡平均体重1 312克，料肉比1.78∶1；56日龄公母鸡平均体重1 707克，料肉比2.31∶1（图3-26）。

图3-26　苏禽黄鸡Ⅱ型

图3-27　苏禽黄鸡Ⅲ型

Ⅲ型父母代种鸡1～20周龄成活率94%；开产日龄161天，开产体重1 820～1 910克，29～30周龄达产蛋高峰，高峰期产蛋率78%；68周龄产蛋175枚；21～68周龄成活率92%。商品肉鸡49日龄公母鸡平均体重1 142克，料肉比2.21∶1；56日龄公母鸡平均体重1 332克，料肉比2.43∶1（图3-27）。

2. 京星黄鸡

中国农业科学院畜牧研究所培育的优质黄鸡配套系，分"100"、"101"和"102"3个配套系。其中，"100"、"101"配套系已于2002年通过国家畜禽品种审定委员会审定。

"100"配套系父母代种鸡1～20周龄成活率94%～97%；平均开产日龄154天，20周龄母鸡体重1 600克，29周龄达产蛋高峰，高峰期产蛋率83%；66周龄入舍母鸡平均产蛋183枚，平均产合格种蛋174枚，平均产雏鸡140只，体重2 480～2 500克。商品肉鸡60日龄公鸡平均体重1 500克，料肉比2.10∶1；80日龄母鸡平均体重1 600克，料肉比2.95∶1（图3-28）。

图3-28　京星黄鸡100

"101"配套系父母代种鸡1～20周龄成活率95%～98%；平均开产日龄154天，20周龄母鸡体重1 600克，29周龄达产蛋高峰，高峰期产蛋率83%；66周龄入舍母鸡平均产蛋183枚，平均产合格种蛋174枚，平均产雏鸡140只，体重2 480～2 500克。商品肉鸡56日龄公鸡平均体重1 450克，料肉比2.45∶1；70日龄母鸡平均体重1 500克，料肉比2.75∶1。

"102"配套系父母代种鸡1～20周龄成活率94%～97%；平均开产日龄168天，20周龄母鸡体重1 720克，30周龄达产蛋高峰，高峰期产蛋率80%；66周龄入舍母鸡平均产蛋163枚，平均产合格种蛋153枚，平均产雏鸡127～132只，体重2 860～2 900克。商品肉鸡50日龄公鸡平均体重1 500克，料肉比2.03∶1；63日龄母鸡平均体重1 680克，料肉比2.38∶1（图3-29）。

图3-29　京星黄鸡102

3. 新兴黄麻鸡

由广东温氏食品集团南方家禽育种公司培育的优质鸡系列配套系，分新兴黄鸡和新兴麻鸡，新兴黄鸡又分特快型、快大型和优质型。

特快型新兴黄鸡父母代种鸡平均开产日龄182天，平均开产体重2 350克；高峰期产蛋率85%；68周龄入舍母鸡平均产蛋185枚，平均产雏鸡145只。商品肉鸡50日龄公鸡平均体重1 580克，料肉比1.95：1；53日龄母鸡平均体重1 550克，料肉比2.15：1。

快大型新兴黄鸡父母代种鸡平均开产日龄168天，平均开产体重2 320克；高峰期产蛋率85%；68周龄入舍母鸡平均产蛋185枚，平均产雏鸡145只。商品肉鸡55日龄公鸡平均体重1 650克，料肉比2.00：1；65日龄母鸡平均体重1 750克，料肉比2.20：1（图3-30）。

优质型新兴黄鸡父母代种鸡平均开产日龄161天，平均开产体重2 030克；高峰期产蛋率83%；68周龄入舍母鸡平均产蛋183枚，平均产雏鸡142只。商品肉鸡60日龄公鸡平均体重1 600克，料肉比2.05：1；90日龄母鸡平均体重1 500克，料肉比2.70：1（图3-31）。

图3-30　快大型新兴黄麻鸡　　　　图3-31　优质型新兴黄麻鸡

新兴麻鸡（快大型）父母代种鸡平均开产日龄168天，平均开产体重2 000克；高峰期产蛋率82%；68周龄入舍母鸡平均产蛋170枚，平均产雏鸡130只。商品肉鸡70日龄公鸡平均体重1 500克，料肉比2.45：1；75日龄母鸡平均体重1 400克，料肉比2.70：1。

4. 江村黄鸡

由广州市江丰实业有限公司培育的优质鸡系列配套系，分JH-1号（土鸡型）、JH-1B号（特优质型）、JH-2号（特大型）和JH-3号（中速型）等。其中JH-2号和JH-3号获1996年广州市科技进步一等奖、广东省科技进步三等奖，已于2000年国家畜禽品种审定委员会审定。

JH-1号父母代种鸡平均开产日龄147天，27周龄达产蛋高峰期，高峰期产蛋率78%；68周龄入舍母鸡平均产种蛋155枚，平均产雏鸡125只。商品肉鸡70日龄公鸡平均体重1 050克，料肉比2.4∶1；80日龄母鸡平均体重1 100克，料肉比2.7∶1，100日龄平均体重1 400克，料肉比3.1∶1（图3-32）。

图3-32 江村黄鸡JH-1

JH-1B号父母代种鸡平均开产日龄140天，25周龄达产蛋高峰期，高峰期产蛋率60%；68周龄入舍母鸡平均产种蛋120枚，平均产雏鸡95只。商品肉鸡84日龄公鸡平均体重1 000克，料肉比2.4∶1；120日龄母鸡平均体重1 100克，料肉比3.4∶1（图3-33）。

图3-33 江村黄鸡JH-1B商品代

JH-2号父母代种鸡平均开产日龄168天，29周龄达产蛋高峰期，高峰期产蛋率81%；68周龄入舍母鸡平均产种蛋170枚，平均产雏鸡142只。商品肉鸡

图3-34 江村黄鸡JH-2

56日龄公鸡平均体重1 550克，料肉比2.1∶1；63日龄平均体重1 850克，料肉比2.2∶1；70日龄母鸡平均体重1 550克，料肉比2.5∶1；90日龄母鸡平均体重2 050克，料肉比2.8∶1（图3-34）。

JH-3号父母代种鸡平均开产日龄154天，28周龄达产蛋高峰期，高峰期产蛋率80%；68周龄入舍母鸡平均产种蛋168枚，平均产雏鸡140只。商品肉鸡56日龄公鸡平均体重1 350克，料肉比2.2：1；63日龄平均体重1 600克，料肉比2.3：1；70日

图3-35　江村黄鸡JH-3

龄母鸡平均体重1 350克，料肉比2.5：1；90日龄平均体重1 850克，料肉比3.0：1（图3-35）。

5.银香麻鸡

由广西壮族自治区畜牧研究所以本地的麻羽鸡和三黄鸡为素材进行的选育，并引入伴性矮小基因（dw）培育的配套系。获1999年广西壮族自治区科技进步三等奖。

银香麻鸡父母代种鸡在中等营养水平及育成阶段限制饲养的条件下，平均开产日龄120天，150～170日龄产蛋率达50%，开产体重1 400～1 700克；入舍母鸡71周龄平均产蛋155枚；成年公鸡体重1 900～2 200克。商品肉鸡70～80日龄公鸡体重1 500～1 700克，料肉比2.3～2.7：1；90～100日龄母鸡体重，正常型1 300～1 500克、料肉比3.2～3.4：1，矮小型1 200～1 300克、料肉比3.6～3.8：1（图3-36）。

图3-36　银香麻鸡

6. 固始鸡配套系

由河南固始三高集团培育的优质鸡系列配套系。

固始鸡配套系父母代种鸡平均开产日龄 154 天，20 周龄平均体重 1 840 克；28～29 周龄达产蛋高峰期，高峰期产蛋率80%；68 周龄入舍母鸡平均产种蛋 185 枚，平均产雏鸡 148 只，平均体重 2 655 克。

青脚配套系商品肉鸡60 日龄公鸡平均体重 1 150 克，母鸡体重 1 000 克，公母鸡平均料肉比 2.6：1；70 日龄公鸡平均体重 1 250 克，母鸡体重 1 100 克，公母鸡平均料肉比 2.7：1；80 日龄公鸡平均体重 1 400 克，母鸡体重 1 250 克，公母鸡平均料肉比 2.8：1（图3-37）。

乌骨配套系商品肉鸡60 日龄公鸡平均体重 1 250 克，母鸡体重 1 100 克，公母鸡平均料肉比 2.6：1；70 日龄公鸡平均体重 1 400 克，母鸡体重 1 250 克，公母鸡平均料肉比 2.7：1；80 日龄公鸡平均体重 1 600 克，母鸡体重 1 400 克，公母鸡平均料肉比 2.8：1（图3-38）。

图3-37 固始鸡青脚配套系

图3-38 固始鸡乌骨配套系

三、如何选购肉仔鸡

（一）品种选择

优良的品种是提高肉仔鸡生产效益的根本，所以，选择好品种至关重要。选择优良品种要根据实际条件和市场需求进行选择。所选品种应该是经过相关机构认定的；有很强的适应性、抗应激能力和抗病力，成活率高；鸡群整齐度好，体质强健，体力充沛，反应灵敏、性情活泼；产品售价高，有一定量的市场需求。

(二) 场家选择

无论选购什么类型的鸡种，必须在有《种畜禽生产经营许可证》、规模较大、经验丰富、技术力量强、没发生严重疫情、信誉度高的种鸡场购买雏鸡。这些种鸡场种鸡来源清楚，饲养管理严格，雏鸡品质一般都有一定的保证，而且抵御市场风险的能力强，能信守合同。管理混乱、生产水平不高的种鸡场，很难提供具有高品质的雏鸡，所以，应选择好场家，切不可随便引种。

图3-39　健康雏鸡

(三) 质量选择

主要通过观察外表形态，选择健康雏鸡，可采用"一看、二听、三摸"的方法进行选择。一看雏鸡的精神状态，羽毛整洁程度，喙、腿、趾是否端正，眼睛是否明亮，肛门有无白粪、脐孔愈合是否良好。二听雏鸡的叫声，健康的雏鸡叫声响亮而清脆；弱雏叫声嘶哑微弱或鸣叫不止。三摸是将雏鸡抓握在手中，触摸骨架发育状态，腹部大小及松软程度。健康雏鸡较重，手感饱满、有弹性、挣扎有力（图3-39、图3-40、图3-41）。

图3-40　脐部吸收良好

图3-41　手握检查

第四章　肉鸡饲料生产与加工

一、肉鸡主要营养物质需要量

（一）能量

能量的需要量取决于品种、体重大小、生长阶段、环境温度等。在配合饲料时，首先应对饲养的品种进行充分了解，了解该品种在不同生长、发育阶段和环境条件下的代谢能需要量，并且掌握所选饲料原料的代谢能值。掌握了相关资料，就可确定鸡群在特定环境条件下的采食量，并在此基础上确定蛋白质、氨基酸、维生素及矿物质等的需要量。

肉仔鸡生长快，尤其是速长型品种，一般7周龄前后平均体重就可达2.5千克左右。国外一般在整个肉仔鸡饲养阶段都采用高能量、高蛋白质日粮，自由采食，以充分发挥它的生长速度，提高饲料效率。如果能量水平过低，会造成生长速度减慢，饲料效率降低。但是，肉仔鸡营养水平过高，肉鸡生长太快，往往造成不良影响，特别是在饲养管理条件较差、通风等环境因素不良的情况下，肉仔鸡易发生猝死症和腹水症等。因此，生产中也可以根据饲料资源状况和饲料成本，适当降低营养水平，以控制肉仔鸡的出栏时间和出栏体重。优质肉鸡不同品种之间，饲养周期和体重差异更大，要根据具体情况确定代谢能的需要量。

肉种鸡尤其是快大型肉种鸡，在饲养过程中很容易超重，从而影响产蛋性能和种用价值。因此，后备母鸡能量水平不能过高，同时，要进行限饲，严格控制采食量以控制体重，避免在性成熟时体内脂肪积存过多。具体的限饲方案，各场应根据具体情况因地制宜，对快大型肉种鸡一般是从3周龄开始进行限饲，如果采取的是隔日限饲法，则应在5周龄后再限饲，不管从什么时段开始限饲，都要严格按照该品种在各周龄体重标准，使体重尽可能处于标准体重的平均值范围内。从7~12周龄，使每日增重慢慢降低，到12周龄时接近平均体重底限。从12~15周龄，控制生长速度，使增重维持在底限。15~16周龄体重要迅速增加，到20周龄平均体重接近上限。要避免早期生长过快，而若在12~14周龄限饲过严，会导致体况不佳，对光刺激反应迟钝从而导致性成熟推迟。

在种鸡群中，种公鸡的好坏决定着整个鸡群的利用价值。种公鸡能量不足，会影响性机能及精液品质；能量过剩，会造成公鸡体重过肥、过大，引发脚病和腿伤，从而影响自然交配和人工采精。为确保种公鸡精液的质和量，以控制种公鸡体重，每千克饲料中代谢能以11.30~11.72兆焦为宜。平养种公鸡每日供给1 674~1 916千焦代谢能/只，笼养种公鸡每日可供给1 448~1 498千焦代谢能/只。NRC（1994）规定肉用种公鸡20~64周龄的代谢能1 464~1 674千焦/（只·日）。

（二）蛋白质和氨基酸

肉仔鸡能够根据日粮中能量浓度而调节采食量，因此，在配制日粮时应使蛋白能量比保持不变。我国肉仔鸡的饲养标准中规定肉仔鸡前期（0~4周龄）和后期（5周龄以上）日粮粗蛋白质水平分别为21%和19%。肉仔鸡对蛋白质的利用率较高，平均为60%左右。肉仔鸡对蛋白质的要求是前期高于后期。

蛋白质的营养实质上是氨基酸的营养。肉鸡不需要粗蛋白质本身，而是需要其中的各种氨基酸，但必须供给足够的粗蛋白质，以保证合成非必需氨基酸的氮供应。粗蛋白质建议值是基于玉米—豆粕型日粮提出的，添加合成氨基酸时可下调。肉仔鸡最重要的必需氨基酸主要是蛋氨酸和赖氨酸，也就是常用日粮的第一、第二限制性氨基酸。肉仔鸡3阶段饲养0~3周龄、3~6周龄、6~8周龄的蛋氨酸在日粮中需要量分别为0.50%、0.38%和0.32%；蛋氨酸+胱氨酸分别为0.90%、0.72%和0.60%；赖氨酸需要量在前期、中期、后期分别为1.10%、1.0%和0.85%。

肉用种母鸡如果饲喂的蛋白质中氨基酸平衡，产蛋高峰期每天每只需要蛋白质23克，其余阶段每天每只需要18~20克。实践中应注意氨基酸的平衡，避免粗蛋白质食入过量，造成浪费。如果饲料中的氨基酸过低，可补充氨基酸混合物。每日每只种母鸡摄入15.6~16.5克粗蛋白质，适当补充赖氨酸和蛋氨酸可以达到理想效果。饲喂玉米–豆粕型日粮时，若每日每只种母鸡粗蛋白质摄入量达16克，则补充赖氨酸和蛋氨酸不会提高生产性能。

种公鸡的蛋白质需要量：美国家禽饲养管理委员会建议，小群配种情况下，种公鸡日粮粗蛋白质为15%。国外一些肉鸡育种公司建议蛋白质水平为12%～15%。前苏联科学家发现，笼养鸡群日粮含蛋白质16%时，种公鸡射精量最大。NRC（1994）推荐蛋白质水平，0～4周龄为15%，4～20周龄为12%，20～60周龄为12克/（只·天），笼养鸡为10.9～14.8克/（只·天）。NRC（1994）综述资料认为：饲喂含蛋白质12%的日粮时，到第53周龄的种公鸡提供的精液量比饲喂较高蛋白质组的多。我国科学家建议，种公鸡蛋白质水平应为14%～15%，笼养种公鸡采精次数多时可提高至16%。

（三）矿物质

几种主要矿物质的功能及缺乏症状见表4-1。

表4-1　矿物质的功能及缺乏症状

名称	功能	缺乏症状
钠和氯	参与消化液的形成；调节体液浓度；调节体液 pH；参与神经和肌肉活动	体内缺钠的不良后果：生长缓慢，食欲减退，体重减轻，饲料报酬降低；细胞功能发生变化；血浆体积减小，心输出量下降，主动脉压降低，红细胞沉积增加；皮下组织弹性降低；肾上腺功能受损，导致血中尿素或尿酸升高，休克以至死亡；缺钠显著影响蛋白质和能量利用；鸡缺钠还会导致啄癖 雏鸡缺氯的不良后果：生长速度差，死亡率高，血浓缩，脱水，血液中氯化物水平降低，此外，缺氯的雏鸡受到突然的噪声或惊吓的刺激表现类似痉挛的典型神经反应
钙	参与骨的形成，动物体内有99%钙存在于骨中；调节神经和肌肉功能；维持酸碱平衡	骨质疏松症或低钙佝偻病，异常姿态和步法；生长发育受阻；采食量降低；易发生内出血
磷	参与骨的形成；是细胞核和膜的主要成分；参与各种代谢过程	产生软骨症；早期缺乏，可通过喂磷纠正；缺磷通常表现为食欲差，增重少，血中磷量低及外表欠健康

（四）维生素

几种主要维生素的功能及缺乏症状见表4-2。

表4-2　维生素的功能及缺乏症状

名称	功能	缺乏症状
维生素 A	维持上皮组织的完整及正常视力，参与骨骼的形成等	生长迟缓，夜盲，关节僵直或肿大
维生素 D	促进钙的吸收和钙、磷的代谢	生长受阻，发生佝偻病
维生素 E	生物抗氧化剂，保护细胞膜的完整	生长差，肌肉萎缩（白肌症），肝坏死
维生素 K	为形成4种凝血蛋白所需，参与血液的凝固	凝血时间延长或流血不止和内出血；一般在给鸡断喙时要添加
B 族维生素	参与鸡体的多种代谢	消化不良、厌食、皮炎、脚腿骨畸形、生长发育受阻
维生素 C	参与细胞间质的组成；解毒、抗氧化	坏血病，骨易折，创口溃疡不易愈合

（五）水

水是组成体液的主要成分，对畜禽正常的物质代谢具有特殊重要的作用。尽管肉鸡对水的需要量是不确定的，但仍是一种必需营养素。肉鸡对水的需要量受下列因素影响：环境温度、相对湿度、日粮成分和生长周期等。一般假定肉仔鸡饮水量是采食量的2倍，实际上饮水量的变化很大。

二、肉鸡的饲养标准

根据鸡的品种、年龄、性别、体重、生产目的与生产水平，结合能量与物质代谢试验和饲养试验，科学地规定给予鸡所需饲料的能量浓度、蛋白质水平以及其他各种营养物质的数量，称为饲养标准。饲养标准中所规定的营养需要包括维持生命活动和从事各种生产（如产蛋、生长等）所需的各种营养物质，是经过实际测定，并结合各国的饲养条件及当地环境因素而制定的。饲养标准也称动物的营养需要量，它是指饲料供给动物种类和数量的科学化、标准化、具体化，是饲养业商品化的标志之一。一般饲养标准所推荐的数量是动物为满足正常的生理、生长发育或生产的最低营养需要量。按照饲养标准的规定对鸡进行饲养，有利于鸡的健康和发挥其生产性能，节省饲料费用，降低生产成本，提高鸡生产的经济效益。表4-3至表4-7是我国农业部（NY/T33-2004）关于肉用仔鸡、肉用种鸡、黄羽肉仔鸡、黄羽肉种鸡的饲养标准，表4-8为爱拔益加（AA肉鸡）的饲养标准。

表4-3　肉用仔鸡营养需要之一

营养指标	单位	0～3周龄	4～6周龄	7周龄及以上
代谢能	兆焦/千克	12.54	12.96	13.17
粗蛋白质	%	21.5	20.0	18.0
蛋白能量比	克/兆焦	17.14	15.43	13.67
赖氨酸能量比	克/兆焦	0.92	0.77	0.67
赖氨酸	%	1.15	1.00	0.87
蛋氨酸	%	0.50	0.40	0.34
蛋氨酸＋胱氨酸	%	0.91	0.76	0.65
苏氨酸	%	0.81	0.72	0.68
色氨酸	%	0.21	0.18	0.17
精氨酸	%	1.20	1.12	1.01
亮氨酸	%	1.26	1.05	0.94
异亮氨酸	%	0.81	0.75	0.63
苯丙氨酸	%	0.71	0.66	0.58
苯丙氨酸＋酪氨酸	%	1.27	1.15	1.00
组氨酸	%	0.35	0.32	0.27
脯氨酸	%	0.58	0.54	0.47
缬氨酸	%	0.85	0.74	0.64
甘氨酸＋丝氨酸	%	1.24	1.10	0.96
钙	%	1.0	0.9	0.8
总磷	%	0.68	0.65	0.60
非植酸磷	%	0.45	0.40	0.35
氯	%	0.20	0.15	0.15
钠	%	0.20	0.15	0.15
铁	毫克/千克	100	80	80
铜	毫克/千克	8	8	8
锌	毫克/千克	100	80	80
锰	毫克/千克	120	100	80

（续表）

营养指标	单位	0~3周龄	4~6周龄	7周龄及以上
碘	毫克/千克	0.70	0.70	0.70
硒	毫克/千克	0.30	0.30	0.30
亚油酸	%	1	1	1
维生素A	国际单位/千克	8 000	6 000	2 700
维生素D	国际单位/千克	1 000	750	400
维生素E	国际单位/千克	20	10	10
维生素K	毫克/千克	0.5	0.5	0.5
硫胺素	毫克/千克	2.0	2.0	2.0
核黄素	毫克/千克	8	5	5
泛酸	毫克/千克	10	10	10
烟酸	毫克/千克	35	30	30
吡哆醇	毫克/千克	3.5	3.0	3.0
生物素	毫克/千克	0.18	0.15	0.10
叶酸	毫克/千克	0.55	0.55	0.50
维生素 B_{12}	毫克/千克	0.010	0.010	0.007
胆碱	毫克/千克	1 300	1 000	750

表4-4 肉用仔鸡营养需要之二

营养指标	单位	0~2周龄	3~6周龄	7周龄及以上
代谢能	兆焦/千克	12.75	12.96	13.17
粗蛋白质	%	22.0	20.0	17.0
蛋白能量比	克/兆焦	17.25	15.43	12.91
赖氨酸能量比	克/兆焦	0.88	0.77	0.62
赖氨酸	%	1.20	1.00	0.82
蛋氨酸	%	0.52	0.40	0.32
蛋氨酸+胱氨酸	%	0.92	0.76	0.63
苏氨酸	%	0.84	0.72	0.64
色氨酸	%	0.21	0.18	0.16
精氨酸	%	1.25	1.12	0.95
亮氨酸	%	1.32	1.05	0.89

营养指标	单位	0~2周龄	3~6周龄	7周龄及以上
异亮氨酸	%	0.84	0.75	0.59
苯丙氨酸	%	0.74	0.66	0.55
苯丙氨酸＋酪氨酸	%	1.32	1.15	0.98
组氨酸	%	0.36	0.32	0.25
脯氨酸	%	0.60	0.54	0.44
缬氨酸	%	0.90	0.74	0.72
甘氨酸＋丝氨酸	%	1.30	1.10	0.93
钙	%	1.05	0.95	0.80
总磷	%	0.68	0.65	0.60
非植酸磷	%	0.50	0.40	0.35
氯	%	0.20	0.15	0.15
钠	%	0.20	0.15	0.15
铁	毫克／千克	120	80	80
铜	毫克／千克	10	8	8
锌	毫克／千克	120	80	80
锰	毫克／千克	120	100	80
碘	毫克／千克	0.70	0.70	0.70
硒	毫克／千克	0.30	0.30	0.30
亚油酸	%	1	1	1
维生素 A	国际单位／千克	10 000	6 000	2 700
维生素 D	国际单位／千克	2 000	1 000	400
维生素 E	国际单位／千克	30	10	10
维生素 K	毫克／千克	1.0	0.5	0.5
硫胺素	毫克／千克	2.0	2.0	2.0
核黄素	毫克／千克	10	5	5
泛酸	毫克／千克	10	10	10
烟酸	毫克／千克	40	30	30
吡哆醇	毫克／千克	4.0	3.0	3.0
生物素	毫克／千克	0.2	0.15	0.10
叶酸	毫克／千克	1.00	0.55	0.50
维生素 B_{12}	毫克／千克	0.010	0.010	0.007
胆碱	毫克／千克	1 500	1 200	750

第四章 肉鸡饲料生产与加工

表4-5 肉用种鸡营养需要

营养指标	单位	0~6周龄	7~18周龄	19周龄~开产	开产至高峰期（产蛋率>65%）	高峰后期（产蛋率<65%）
代谢能	兆焦/千克	12.12	11.91	11.70	11.70	11.70
粗蛋白质	%	18.0	15.0	16.0	17.0	16.0
蛋白能量比	克/兆焦	14.85	12.92	13.68	14.53	13.68
赖氨酸能量比	克/兆焦	0.76	0.55	0.64	0.68	0.64
赖氨酸	%	0.92	0.65	0.75	0.80	0.75
蛋氨酸	%	0.34	0.30	0.32	0.34	0.30
蛋氨酸+胱氨酸	%	0.72	0.56	0.62	0.64	0.60
苏氨酸	%	0.52	0.48	0.50	0.55	0.50
色氨酸	%	0.20	0.17	0.16	0.17	0.16
精氨酸	%	0.90	0.75	0.90	0.90	0.88
亮氨酸	%	1.05	0.81	0.86	0.86	0.81
异亮氨酸	%	0.66	0.58	0.58	0.58	0.58
苯丙氨酸	%	0.52	0.39	0.42	0.51	0.48
苯丙氨酸+酪氨酸	%	1.00	0.77	0.82	0.85	0.80
组氨酸	%	0.26	0.21	0.22	0.24	0.21
脯氨酸	%	0.50	0.41	0.44	0.45	0.42
缬氨酸	%	0.62	0.47	0.50	0.66	0.51
甘氨酸+丝氨酸	%	0.70	0.53	0.56	0.57	0.54
钙	%	1.00	0.90	2.0	3.30	3.50
总磷	%	0.68	0.65	0.65	0.68	0.65
非植酸磷	%	0.45	0.40	0.42	0.45	0.42
氯	%	0.18	0.18	0.18	0.18	0.18
钠	%	0.18	0.18	0.18	0.18	0.18
铁	毫克/千克	60	60	80	80	80
铜	毫克/千克	6	6	8	8	8
锌	毫克/千克	60	60	80	80	80
锰	毫克/千克	80	80	100	100	100
碘	毫克/千克	0.70	0.70	1.00	1.00	1.00
硒	毫克/千克	0.30	0.30	0.30	0.30	0.30

营养指标	单位	0～6 周龄	7～18 周龄	19 周龄～开产	开产至高峰期（产蛋率 > 65%）	高峰后期（产蛋率 < 65%）
亚油酸	%	1	1	1	1	1
维生素 A	国际单位 / 千克	8 000	6 000	9 000	12 000	12 000
维生素 D	国际单位 / 千克	1 600	1 200	1 800	2 400	2 400
维生素 E	国际单位 / 千克	20	10	10	30	30
维生素 K	毫克 / 千克	1.5	1.5	1.5	1.5	1.5
硫胺素	毫克 / 千克	1.8	1.5	1.5	2.0	2.0
核黄素	毫克 / 千克	8	6	6	9	9
泛酸	毫克 / 千克	12	10	10	12	12
烟酸	毫克 / 千克	30	20	20	35	35
吡哆醇	毫克 / 千克	3.0	3.0	3.0	4.5	4.5
生物素	毫克 / 千克	0.15	0.10	0.10	0.20	0.20
叶酸	毫克 / 千克	1.0	0.5	0.5	1.2	1.2
维生素 B_{12}	毫克 / 千克	0.010	0.006	0.008	0.012	0.012
胆碱	毫克 / 千克	1 300	900	500	500	500

表 4-6 黄羽肉鸡仔鸡营养需要

营养指标	单位	♀ 0～4 周龄 ♂ 0～3 周龄	♀ 5～8 周龄 ♂ 4～5 周龄	♀ > 8 周龄 ♂ > 5 周龄
代谢能	兆焦 / 千克	12.12	12.54	12.96
粗蛋白质	%	21.0	19.0	16.0
蛋白能量比	克 / 兆焦	17.33	15.15	12.34
赖氨酸能量比	克 / 兆焦	0.87	0.78	0.66
赖氨酸	%	1.05	0.98	0.85
蛋氨酸	%	0.46	0.40	0.34
蛋氨酸 + 胱氨酸	%	0.85	0.72	0.65
苏氨酸	%	0.76	0.74	0.68
色氨酸	%	0.19	0.18	0.16
精氨酸	%	1.19	1.10	1.00
亮氨酸	%	1.15	1.09	0.93

（续表）

营养指标	单位	♀ 0~4 周龄 ♂ 0~3 周龄	♀ 5~8 周龄 ♂ 4~5 周龄	♀ > 8 周龄 ♂ > 5 周龄
异亮氨酸	%	0.76	0.73	0.62
苯丙氨酸	%	0.69	0.65	0.56
苯丙氨酸 + 酪氨酸	%	1.28	1.22	1.00
组氨酸	%	0.33	0.32	0.27
脯氨酸	%	0.57	0.55	0.46
缬氨酸	%	0.86	0.82	0.70
甘氨酸 + 丝氨酸	%	1.19	1.14	0.97
钙	%	1.00	0.90	0.80
总磷	%	0.68	0.65	0.60
非植酸磷	%	0.45	0.40	0.35
钠	%	0.15	0.15	0.15
氯	%	0.15	0.15	0.15
铁	毫克 / 千克	80	80	80
铜	毫克 / 千克	8	8	8
锰	毫克 / 千克	80	80	80
锌	毫克 / 千克	60	60	60
碘	毫克 / 千克	0.35	0.35	0.35
硒	毫克 / 千克	0.15	0.15	0.15
亚油酸	%	1	1	1
维生素 A	国际单位 / 千克	5 000	5 000	5 000
维生素 D	国际单位 / 千克	1 000	1 000	1 000
维生素 E	国际单位 / 千克	10	10	10
维生素 K	毫克 / 千克	0.5	0.5	0.5
硫胺素	毫克 / 千克	1.8	1.8	1.8
核黄素	毫克 / 千克	3.60	3.60	3.00
泛酸	毫克 / 千克	10	10	10
烟酸	毫克 / 千克	35	30	25
吡哆醇	毫克 / 千克	3.5	3.5	3.0
生物素	毫克 / 千克	0.15	0.15	0.15
叶酸	毫克 / 千克	0.55	0.55	0.55
维生素 B_{12}	毫克 / 千克	0.010	0.010	0.010
胆碱	毫克 / 千克	1 000	750	500

表4-7　黄羽肉鸡种鸡营养需要

营养指标	单位	0~6周龄	7~18周龄	19周龄~开产	产蛋期
代谢能	兆焦/千克	12.12	11.70	11.50	11.50
粗蛋白质	%	20.0	15.0	16.0	16.0
蛋白能量比	克/兆焦	16.50	12.82	13.91	13.91
赖氨酸能量比	克/兆焦	0.74	0.56	0.70	0.70
赖氨酸	%	0.90	0.75	0.80	0.80
蛋氨酸	%	0.38	0.29	0.37	0.40
蛋氨酸+胱氨酸	%	0.69	0.61	0.69	0.80
苏氨酸	%	0.58	0.52	0.55	0.56
色氨酸	%	0.18	0.16	0.17	0.17
精氨酸	%	0.99	0.87	0.90	0.96
亮氨酸	%	0.94	0.74	0.83	0.86
异亮氨酸	%	0.60	0.55	0.56	0.60
苯丙氨酸	%	0.51	0.48	0.50	0.51
苯丙氨酸+酪氨酸	%	0.86	0.81	0.82	0.84
组氨酸	%	0.28	0.24	0.25	0.26
脯氨酸	%	0.43	0.39	0.40	0.42
缬氨酸	%	0.60	0.52	0.57	0.70
甘氨酸+丝氨酸	%	0.77	0.69	0.75	0.78
钙	%	0.90	0.90	2.00	3.00
总磷	%	0.65	0.61	0.63	0.65
非植酸磷	%	0.40	0.36	0.38	0.41
钠	%	0.16	0.16	0.16	0.16
氯	%	0.16	0.16	0.16	0.16
铁	毫克/千克	54	54	72	72
铜	毫克/千克	5.4	5.4	7.0	7.0
锰	毫克/千克	72	72	90	90
锌	毫克/千克	54	54	72	72
碘	毫克/千克	0.60	0.60	0.90	0.90
硒	毫克/千克	0.27	0.27	0.27	0.27
亚油酸	%	1	1	1	1

（续表）

营养指标	单位	0～6周龄	7～18周龄	19周龄～开产	产蛋期
维生素 A	国际单位／千克	7 200	5 400	7 200	10 800
维生素 D	国际单位／千克	1 440	1 080	1 620	2 160
维生素 E	国际单位／千克	18	9	9	27
维生素 K	毫克／千克	1.4	1.4	1.4	1.4
硫胺素	毫克／千克	1.6	1.4	1.4	1.4
核黄素	毫克／千克	7	5	5	8
泛酸	毫克／千克	11	9	9	11
烟酸	毫克／千克	27	18	18	32
吡哆醇	毫克／千克	2.7	2.7	2.7	4.1
生物素	毫克／千克	0.14	0.09	0.09	0.18
叶酸	毫克／千克	0.90	0.45	0.45	1.08
维生素 B_{12}	毫克／千克	0.009	0.005	0.007	0.010
胆碱	毫克／千克	1 170	810	450	450

表4-8　爱拔益加（AA肉鸡）代谢能、粗蛋白质、粗脂肪需要量

项目	育雏期（0～21天）	中期（22～37天）	后期（38天至上市）
代谢能（兆焦／千克）	23.0	20.2	18.5
粗蛋白质（％）	13.0	13.2	13.4
粗脂肪（％）	5～7	5～7	5～7

三、肉鸡常用饲料原料

饲料原料的品质不仅影响肉种鸡的生长发育、产蛋性能，同样影响肉仔鸡的生长发育和经济效益，还直接影响鸡肉的质量。按照农业部《无公害食品肉鸡饲养饲料使用准则》，无公害饲养对于饲料原料的要求主要有以下几方面：①感官要求：应具有一定的新鲜度，具有该品种应有的色、嗅、味和组织形态特征，无发霉、变质、结块、异味及异嗅；②饲料原料中有害物质及微生物允许量应符合GB 13078的要求；③饲料原料中含有饲料添加剂的应做相应说明；④制药工业副产品不应用作肉鸡饲料原料。

肉鸡的饲料原料种类繁多，根据原料中营养物质含量的特点，大致可分为能量饲料、蛋白质饲料、维生素饲料、矿物质饲料和饲料添加剂等。

（一）能量饲料

能量饲料是指干物质中粗纤维含量低于18%，粗蛋白质含量小于20%的谷物类、糠麸类等饲料。能量饲料是肉鸡饲料的主要成分，用量一般占到配合饲料的60%左右。能量饲料原料的天然含水量应小于45%。

1. 谷物类

谷物类的营养特点是：①含丰富的碳水化合物（占干物质的70% ~ 84%），粗纤维含量低（约为6%以下），营养物质消化率高；②粗蛋白质含量一般为6.7% ~ 16.0%，必需氨基酸含量不足，特别是赖氨酸、蛋氨酸和色氨酸含量不足；③脂肪含量一般为3% ~ 5%；④钙含量一般低于0.1%，磷含量为0.314% ~ 0.45%，且多为植酸磷，利用率很低；⑤缺乏维生素A和维生素D，但B族维生素含量丰富。谷物类主要包括玉米、高粱、小麦、大麦、稻米、粟等。

在我国北方地区以使用玉米居多，玉米是肉鸡饲料中使用量最大的饲料原料，在肉鸡日粮配合中一般占65%左右。玉米含淀粉多且容易消化吸收，脂肪中亚油酸的含量高。玉米在保管中要注意防止发霉，霉变的玉米其胚芽处颜色呈蓝绿色（图4-1）。在南方水稻主产区常用大米加工过程中产生的碎大米做肉鸡饲料原料，虽然碎大米消化率很高，但它的脂肪含量比较低、能量低。小麦一般不做肉鸡饲料原料，只有当玉米价格高出小麦时才使用，或是用陈化的小麦代替玉米，可降低饲料成本。

图4-1 正常玉米（右）与劣质玉米（左）

生产实践中少量使用的谷物类饲料原料还有：大麦、燕麦、高粱、小米、次粉等。

2. 糠麸类

糠麸类泛指谷类籽实加工后的副产品，主要是谷类的外壳。有小麦麸、大麦麸、米糠、高粱糠、玉米糠和谷糠等。小麦麸富含维生素，其中，维生素E、维生素B_1、烟酸和胆碱含量丰富，但维生素A和维生素D缺乏。小麦麸含纤维较多（8.5%~12%），能值较低，代谢能仅为7.1兆焦/千克，粗蛋白质含量较多，可达12%~17%，其质量高于麦粒，富含赖氨酸（0.5%~0.6%），蛋氨酸仅0.1%左右。小麦麸中含磷量达1.13%，为植物性饲料之冠，但多以植酸盐形式存在，难以消化利用。

3. 油脂类

配制高能量配合饲料时，植物性饲料原料很难满足要求，一般需要添加油脂。油脂可提高粉状料的适口性和采食量，便于吞咽，并可使单位增重耗料量下降10%~15%。饲料用油脂主要有动物油脂（用家畜、家禽和鱼体组织提炼得到的油脂）、植物油脂（萃取植物种子或果实所得的油脂）、饲料及水解油脂（制取食用油或肥皂等过程中所得副产物的一类油脂，成分以脂肪酸为主）。如大豆油副产品油渣、中性皂脚、黄豆胶及脱水蒸馏物等。在肉鸡饲料中一般添加油脂量2%~5%。

（二）蛋白质饲料

蛋白质是鸡体细胞和鸡肉的主要构成成分，是鸡体内除水分外含量最高的物质，它不仅是鸡体内各个器官的主要组成成分，还参与各器官不同生理功能的活动。鸡采食的蛋白质和氨基酸不能满足生长、生产需要时，鸡会生长迟缓、羽毛蓬乱无光泽、性成熟推迟、产蛋量下降；饲料中蛋白质严重缺乏时，鸡的采食量会减少或停止，从而引起体重下降、抗病力减弱。蛋白质在鸡体内利用率的高低，主要取决于饲料原料中氨基酸含量及氨基酸是否平衡。凡是干物质中粗蛋白质含量在20%以上、粗纤维含量在18%以下的饲料都属于蛋白质饲料。肉鸡常用的蛋白质饲料原料有植物性蛋白质饲料和动物性蛋白质饲料。

1. 植物性蛋白饲料

主要包括豆饼（粕）、膨化大豆、菜籽饼（粕）、棉仁粕及花生饼、芝麻饼、胡麻饼、玉米蛋白粉等。

（1）大豆饼（粕）：在饼粕类饲料中，无论从代谢能水平，还是从蛋白质、赖氨酸含量看，大豆饼粕都是最佳的，因此，是目前使用最多、最广泛的植物性蛋白质原料。豆粕类产品有2种，脱壳大豆粕平均粗蛋白质含量在48%以上，未脱壳大豆粕粗蛋白质含量约43%～44%，后者常用。大豆饼为压榨大豆法所得的副产品，其粗蛋白质含量较低，约为42%，但是，油脂含量较高，约为4%～6%。熟豆饼和豆粕的用量可占到日粮的10%～30%，无鱼粉日粮还可更多（图4-2）。

图4-2 豆粕

（2）棉籽饼（粕）：棉籽饼（粕）的营养价值变异很大，其中，主要受脱壳和脱绒程度的影响。棉仁饼粕品质较优，粗蛋白质含量约在40%左右；棉仁饼粕用量一般不超过5%。肉种鸡饲料中不可使用。

（3）菜籽饼（粕）：能值较低，粗蛋白质含量在33%以上，肉仔鸡前期日粮中应尽可能避免使用，或限制在5%以下，添加菜籽饼（粕）过多可使鸡肉风味变差。

（4）花生饼（粕）：脱壳后榨油的花生饼（粕）营养价值高，一般粗纤维含量低于7%，可利用能量高，达到12.50兆焦/千克，是饼粕类饲料中可利用能量水平最高的饼粕。粗蛋白质含量不亚于大豆粕，多为36%～51%，但65%属非水溶性球蛋白，水溶性蛋白质仅占7%左右，故蛋白质性状与大豆蛋白质差异较大。雏鸡4周前不宜用，4周后一般用量不超过4%。

（5）亚麻饼粕（胡麻饼粕）：粗蛋白质含量在32%～36%，其蛋白质组成中赖氨酸含量低，蛋氨酸含量也较低，精氨酸含量高（可达3.0%），故使用亚麻饼（粕）时应补加赖氨酸，或与赖氨酸含量高的饲料原料混合使用。

亚麻籽籽实中含有一种抗营养因子，能水解生成氢氰酸，对鸡有毒害作用，雏鸡对氢氰酸敏感，故雏鸡配合饲料中一般不添加，生长鸡日粮最好限制在3%以下。

（6）芝麻粕：含粗蛋白质42%～50%，粗纤维仅6%～7%，也是一种良好的蛋白质饲料。芝麻粕的氨基酸消化率在80%～90%，高于棉、菜籽饼（粕）。肉仔鸡喂量可占到配合饲料的3%～5%。

（7）玉米蛋白粉：又叫玉米面筋粉，为湿磨法制造玉米淀粉或玉米糖浆时，原料玉米除去淀粉、胚芽等，分离、干燥而成。玉米蛋白粉中蛋白质含量很高，一般为30%～70%；脱皮的玉米蛋白粉粗蛋白质含量基本在60%以上。一般肉仔鸡饲料中用量为2%～3%，最好不超过5%。

2. 动物蛋白质饲料

动物性蛋白质饲料的特点是蛋白质含量高，氨基酸组成平衡，适于与植物性蛋白质饲料配合使用；含磷、钙高，而且磷几乎都是可利用磷；富含微量元素和维生素，尤其是植物性饲料原料中没有的B族维生素等，动物性蛋白质饲料的可利用能量含量普遍较高。动物性蛋白质饲料包括鱼粉、肉粉、肉骨粉、血粉、羽毛粉、皮革蛋白粉、蚕蛹粉和屠宰场副产物、乳产品等。

（1）鱼粉：鱼粉蛋白质含量高，进口鱼粉蛋白质含量一般在55%～65%，高的可达70%，国产优质鱼粉蛋白质含量为55%～60%。鱼粉的蛋白质品质较好，氨基酸组成合理，尤以蛋氨酸、赖氨酸含量丰富，精氨酸含量较低，这正与大多数饲料的氨基酸组成相反，故在使用鱼粉配制日粮时，蛋白质和氨基酸很容易达到平衡。鱼粉中几乎不含纤维素和木质素，可利用能量水平高。钙、磷含量高，比例合适，并且鱼粉中几乎所有的磷都是可利用性的。鱼粉中硒含量较高，可高达2毫克/千克以上，鱼粉添加量较高时，可以完全不用另添加亚硒酸钠。鱼粉的含锌量也非常高。另外，鱼粉中维生素含量丰富，尤其是B族维生素，鱼粉中含有所有植物性饲料都不具有的维生素B_{12}。另外，鱼粉还含有维生素A和维生素E等脂溶性维生素，鱼粉中还含有未知名的促生长因子。鱼粉用量不宜太大，以免造成肌胃糜烂，可占到日粮的1%～6%。

我国鱼粉一般含盐量高，配合饲料时要加以考虑，适当降低食盐的添加量，避免食盐中毒。鱼粉营养物质含量丰富，是微生物繁殖的良好场所，容易发霉变质，注意贮藏在通风和干燥的地方，避免沙门氏菌和大肠杆菌的污染（图4-3）。

图4-3　鱼粉

（2）肉粉和肉骨粉：肉粉与肉骨粉的粗蛋白质含量在40%～50%，赖氨酸含量较高，但蛋氨酸和色氨酸含量低（比血粉还低），B族维生素含量较高，而维生素A、维生素D和维生素B_{12}的含量都低于鱼粉。为确保鸡肉品质，在肉鸡饲料中很少使用（图4-4）。

（3）血粉：血粉粗蛋白质含量高达80%，赖氨酸含量也高达7%～8%（比常用鱼粉含量还高），组氨酸含量同样也较高，但精氨酸含量却很低，血粉与花生饼（粕）或棉籽饼（粕）搭配可得到较好的饲养效果。血粉的消化率很低，适口性也较差，在饲粮中的比例一般不超过3%（图4-5）。

图4-4　肉骨粉

（4）羽毛粉：羽毛粉由禽类的羽毛经高压蒸煮、干燥粉碎而成，蛋白质含量可达80.3%以上。与其他动物性蛋白质饲料共用时，可补充肉鸡日粮中的蛋白质。由于其消化率较低，最好不使用。

图4-5　血粉

（三）矿物质饲料

动物必需的矿物质元素主要有16种。矿物元素按动物需要量不同分为常量元素和微量元素。通常把占体重0.01%以上的叫做常量矿物质元素，如钙（Ca）、磷（P）、镁（Mg）、钾（K）、钠（Na）、硫（S）、氯（Cl）；

把占体重0.01%以下的矿物质元素叫做微量元素，如铁（Fe）、铜（Cu）、锰（Mn）、锌（Zn）、碘（I）、钴（Co）、钼（Mo）、硒（Se）等。在动物饲料中通常添加的常量元素包括：钙、磷、钠、氯等；微量元素有铁、铜、锰、锌、碘和硒。

1. 食盐

食盐成分主要是氯化钠，是配合饲料中补充钠、氯的最简单、价廉和有效的添加源。

2. 钙、磷补充饲料

生产中常用的钙源性饲料有石粉、贝壳粉、蛋壳粉和轻质碳酸钙等。骨粉、磷酸氢钙、磷酸钙是磷、钙补充饲料。

（1）石粉：石粉是最经济适用的钙补充剂，含钙一般在35%以上，好石粉的钙含量可达38%。石粉在肉种鸡饲料中的用量为1%～6%。国外对饲料级石粉的要求是：钙不低于33%，烘干后含水0.5%左右，铅、砷、汞含量分别低于1毫克/千克、0.5毫克/千克和0.1毫克/千克，镁的含量必须小于0.5%。

（2）贝壳粉：贝壳粉以碎片状为好，现实销售的贝壳粉中都含有沙子，沙子虽然对肉鸡的消化有帮助，但没有任何养分可以利用，在往饲料中添加贝壳粉时一定要减去沙子的重量。通常贝壳粉的含钙量在35%以上。贝壳粉的用量肉鸡为5%～7%。

（3）磷酸氢钙：是肉鸡饲料中最重要的磷源性饲料原料。磷酸氢钙为白色粉末，使用时要检测其钙、磷含量，同时，也要检测其氟含量。一般要求钙、磷含量分别为20%和17%以上。

（4）骨粉：骨粉是动物骨骼经过高温、高压、脱脂、脱胶后粉碎而成。因骨粉富含磷、钙并且比例适宜，是比较好的磷源、钙源性饲料原料。优质骨粉的磷、钙含量可达16%、36%以上。但近年来因骨粉价格偏低，加工工艺不合理，使骨粉脱脂脱胶不完全，骨粉中常寄生有大量病原菌，使用后常引起产蛋量下降，甚至死亡，因此作者建议在不能确保骨粉质量的前提下，尽量不使用骨粉做饲料原料。

无论是钙补充饲料、磷补充饲料或钙、磷补充饲料，在确定选用和选购具体种类时应考虑以下因素：纯度，有害元素（氟、砷、铅、汞等）含量，物理形态如密度、粒度等，钙磷利用率和价格，以单位可利用量的最低单价为选购原则。

肉鸡常用饲料原料参考营养成分见表4-9。

表4-9　肉鸡常用饲料原料营养成分参考表

原料名称	代谢能（ME）（兆焦/千克）	粗蛋白（CP）（%）	总磷（%）	有效磷（%）	钙（%）	赖氨酸（%）	蛋氨酸（%）
玉米	14.06	8.6	0.21	0.06	0.04	0.27	0.13
大麦	11.13	10.8	0.29	0.09	0.12	0.37	0.13
小麦	12.89	12.1	0.36	0.12	0.07	0.33	0.14
豆饼	11.05	43.0	0.50	0.15	0.32	2.45	0.48
豆粕	10.29	47.2	0.62	0.19	0.32	2.54	0.51
菜籽饼	8.45	36.4	0.95	0.29	0.73	1.23	0.61
棉仁饼	8.16	33.8	0.64	0.19	0.31	1.29	0.36
花生饼	12.26	43.9	0.52	0.16	0.25	1.35	0.39
胡麻饼（浸）	7.11	36.2	0.77	0.23	0.58	1.20	0.50
胡麻饼（机）	7.78	33.1	0.77	0.23	0.58	1.18	0.44
芝麻饼	8.95	39.2	1.19	0.36	2.24	0.39	0.81
向日葵仁饼	6.94	28.7	0.81	0.21	0.41	1.13	0.46
小麦麸	6.57	14.4	0.78	0.23	0.18	0.47	0.45
鱼粉（国产）	10.25	55.1	2.15	2.15	4.59	3.64	1.44
鱼粉（进口）	12.13	62.0	2.90	2.90	3.91	4.35	1.65
肉骨粉	11.38	53.4	4.70	4.70	9.20	2.60	0.67
蚕蛹（全脂）	14.27	53.9	0.58	0.58	0.25	3.66	2.21
血粉（干猪血）	10.29	84.7	0.22	0.22	0.20	7.07	0.68
苜蓿草粉	3.39	20.4	0.22		1.46	0.83	0.14
骨粉			16.4	16.4	36.4		
贝壳粉			0.14	0.14	33.4		
石粉					35.0		
植物油（豆油）	36.82						
动物油	32.22						

（四）饲料添加剂

我国允许在饲料中使用的营养性和一般性饲料添加剂有11类，有氨基酸、矿物质和微量元素、维生素、酶制剂、微生物添加剂、抗氧化剂和防腐剂、电解质平衡剂、着色剂、调味剂、黏结剂、抗结块剂和稳定剂及其他，以及药物添加剂。

为了生产无公害肉鸡产品，在选择和使用各类添加剂配制预混料时，必须按照《无公害食品 肉鸡饲养饲料使用准则》（NY5037—2001）执行。

1. 维生素添加剂

现在一般根据生长阶段不同，使用相适应的复合维生素添加剂。在鸡群免疫、转群、运输前后几天，及鸡群遇到惊吓、冷热应激时，需要在饲料中另外添加维生素C和维生素E，每50千克饲料各加5克。

2. 微量元素添加剂

包括硫酸亚铁、硫酸铜、硫酸锌、硫酸锰、碘化钾、亚硒酸钠等，这些化学物质按一定比例与载体混合形成微量元素添加剂。由于在加工过程中使用的载体不同，其在饲料中添加的量也有较大差异，生产中按照产品说明添加即可。

3. 氨基酸添加剂

包括蛋氨酸、赖氨酸。DL-蛋氨酸，又名甲硫氨酸。外观呈白色、淡黄色结晶或结晶性粉末，纯度在98.5%以上。目前，国内生产较少，主要靠进口。L-赖氨酸，为白色或淡褐色粉末，无味或稍有特殊气味，易溶于水，纯度在98.5%以上。两种氨基酸均按饲养标准添加即可。

四、肉鸡饲料的配制

品种是决定肉鸡生产潜力的根本，标准化饲料是保证肉鸡生产潜力充分发挥的基础。自配料一般很难达到标准化饲料的要求，应该使用各种条件达标、较大饲料生产企业的产品。

（一）配合饲料种类

1. 按营养成分分类

肉鸡的配合饲料按营养成分可分为全价配合饲料、浓缩饲料、添加剂预混饲料等。

（1）全价配合饲料：按照肉鸡饲养标准，充分考虑了肉鸡的各种营养需要，选择多种饲料原料配合加工的饲料。全价配合饲料包括能量、蛋白质、矿物质、粗脂肪、粗纤维及维生素等全面营养，能满足肉鸡不同生长阶段的营养需要，饲喂全价配合饲料时，无需再添加任何其他成分。

（2）浓缩饲料：又称平衡用混合料。根据肉鸡的饲养标准，由蛋白质饲料、矿物质饲料和微量元素、维生素等添加剂按一定比例配制的半成品饲料。其突出特点是除能量指标外，其余营养成分的浓度很高，粗蛋白质含量可达25%～45%。使用浓缩饲料时，只需按说明添加规定量玉米、麸皮等能量饲料和豆粕，即可配成全价配合饲料。

（3）添加剂预混饲料：简称预混料。根据肉鸡对微量成分的需要量，由一种或多种饲料添加剂与载体或稀释剂按一定比例配制的均匀混合物。预混料包括单一型和复合型2种。单一型预混料是同种类物质组成的预混料，如多种维生素预混料、复合微量元素预混料等；复合预混料是由2种或2种以上添加剂与载体或稀释剂按一定比例配制而成的产品。3%～4%的预混料包括各种维生素、微量元素、常量元素和非营养性添加剂等，0.4%～1.0%的预混料不包括常量元素，即不提供钙、磷、食盐。

2. 按肉鸡生理阶段分类

分为育雏料、中期料、后期料/宰前料；或是0～4周龄料，4周龄至上市料，种鸡料等。

此外，按饲料形态又分为粉状饲料、颗粒饲料和膨化饲料等（图4-6）。

图4-6　颗粒饲料

（二）饲料的配方设计

1. 饲料配方设计的原则

（1）科学性：根据不同品种和日龄段肉鸡的营养需要，能够全面满足肉鸡的营养需求，以充分发挥肉鸡的生产性能。

（2）经济性：饲料配方在满足营养需要的基础上，尽可能降低饲料成本。现在计算机程序能够以价格为目标函数计算出最优化配方。

（3）无公害：按照农业部发布的《无公害食品 肉鸡饲养饲料准则》配制。

2. 确定饲养标准

肉鸡饲养标准是根据大量科学试验和生产实际经验得出的肉鸡在不同日龄、不同体重、不同生产水平条件下所需要的各种营养物质的数量。由于目前给出的饲养标准是试验得出的一般性数据，而事实上不同品种、不同饲养环境下的肉鸡对营养物质的需求量是不相同的。因此，要配合能够满足肉鸡需要且不造成浪费的经济性配方，就必须根据各影响条件的具体变化对饲养标准进行修正。

目前，我国对肉仔鸡的饲养一般是公司+农户，公司会提供农户不同饲养阶段的全价配合饲料，农户不需要考虑饲养标准的调整、饲料原料的选择和饲料配方的计算等。

3. 参考配方

肉用商品鸡的参考配方见表4-10、表4-11、表4-12及表4-13。

表4-10　肉用商品鸡参考配方一

	适应阶段（周龄）	0~4	5~8
配方组成（%）	玉米	61.09	66.57
	豆饼	30	28
	鱼粉	6	2
	DL-蛋氨酸（98%）	0.19	0.27
	L-赖氨酸（98%）	0.5	0.27
	骨粉	1.22	1.89
	微量元素、维生素预混料	1	1

表4-11　肉用商品鸡参考配方二

	适应阶段（周龄）	0～3	4～6	7～8
配方组成（%）	玉米	56.69	67.04	70.23
	大豆粕	25.1	14.8	15.1
	鱼粉	12	12	8
	植物油	3	3	3
	DL-蛋氨酸（98%）	0.14	0.23	0.31
	L-赖氨酸（98%）	0.2	0.2	0.21
	石粉	0.95	1.03	1.08
	磷酸氢钙	0.42	0.2	0.57
	维生素预混料	1	1	1
	微量元素预混料	0.5	0.5	0.5

表4-12　放养优质鸡参考配方

	阶段	前期	中期	后期
配方组成（%）	玉米	57	63.5	68
	豆粕	32	26.5	18
	米糠	2.5	2	1
	麦麸	3.5	3	4.5
	玉米蛋白	0	0	3.5
	5%预混料	5	5	5
	合计	100	100	100

表4-13　肉用商品鸡参考配方

	适应阶段（周龄）	0～3			4～6			7～8		
配方组成（%）	玉米	55.3	54.2	55.2	58.2	57.2	57.7	60.2	59.2	60.7
	麦麸							3	2	
	豆粕	38	34	32	35	31.5	27	30	22.5	21
	鱼粉			2			2			2
	菜粕		5	4		5	4		9.5	4.5
	棉粕						3			5
	磷酸氢钙	1.4	1.5	1.5	1.4	1.3	1.3	1.3	1.3	1.3
	石粉	1	1	1	1.1	1.2	1.2	1.2	1.2	1.2
	食盐	0.3	0.3	0.3	0.3	0.3	0.3	0.3	0.3	0.3
	油	3	3	3	3	2.5	2.5	3	3	3
	添加剂	1	1	1	1	1	1	1	1	1

五、添加剂和动物源性饲料的使用与监控

随着人民生活水平的提高，人们对食物的卫生安全性越来越关注。环境中的有毒有害成分最终可以通过食物链经植物性食物和动物性食物部分或全部转入人体中，从而对人体产生毒害作用、致病作用，甚至致人死亡。饲料作为动物的日常饲粮，其卫生与安全程度在很大程度上决定着动物性食品的卫生安全性，不仅对养殖业的经济效益有着重要影响，而且与人类健康密切相关。在肉、奶、蛋等动物性食物消费量日益增多的今天，探讨影响饲料卫生安全标准的添加剂和动物源性饲料的使用与监控，无疑具有重要意义。

（一）药物源性饲料添加剂的使用与监控

随着集约化畜牧业的发展，兽药的作用范围也在扩大，有的药物如抗生素、磺胺类药物、激素及其类似物等已广泛用于促进畜禽的生长、减少发病率和提高饲料利用率。在兽药应用品种构成中，治疗药品的比重在下降。

我国兽药业发展也很快，1987～1998年共研制了247种新兽药，平均每年有22.5种新兽药上市（含生物制品）。兽药的广泛运用，带来的不仅是畜牧业的增产，同时，也带来了兽药的残留。现代畜牧业生产的发展，不可能脱离兽药的使用。要保证动物性食品中药物残留量不超过规定标准，必须要有用药规则，并通过法定的药残检测方法来加以监控。

为了保证畜牧业的正常发展及畜产品质量，发达国家规定了用于饲料添加剂的兽药品种及休药期。我国政府也颁布了类似的法律法规。但由于监控乏力，有的饲料厂和饲养场（户）无视法律法规，超量添加药物，不按规定停药；有的饲料厂或饲养场（户）为牟取暴利，非法使用违禁药品，造成鸡肉出口受阻。这些现象充分反映了当前兽药使用过程中超标、滥用的状况，如果这一状况得不到有效的控制，兽药在畜禽产品中的残留将对人类健康产生很大危害。

为了扼制这种状况的继续发展，除进一步完善兽药残留监控立法外，还应加大推广合理规范使用兽药配套技术的力度，加强饲料厂及养殖场（户）对药物和其他添加物的使用管理，对不规范用药的单位及个人施以重罚，最大限度地降低药物残留，使兽药残留量控制在不影响人体健康的限量内。

（二）动物源性饲料的使用与监控

肉鸡常用的动物源性饲料主要有鱼粉和肉骨粉。

1. 鱼粉

由于所用鱼类原料、加工过程与干燥方法不同，其品质相差较大。鱼粉品质不良所引起的毒性问题主要有以下几个方面。

（1）霉变：鱼粉在高温潮湿的状况下容易发霉变质。因此，鱼粉必须充分干燥。同时，应当加强卫生检测，严格限制鱼粉中真菌和细菌含量。

（2）酸败：鱼类特别是海水鱼的脂肪，因含有大量不饱和脂肪酸，很容易氧化发生酸败。这样的鱼粉表面呈现红黄色或红褐色的油污状、恶臭，从而使鱼粉的适口性和品质显著降低。同时，上述产物还可致使饲料中的脂溶性维生素 A、维生素 D 与维生素 E 等被氧化破坏。因此，鱼粉应妥善保管，并且不可存放过久。

（3）食盐含量过高：我国对鱼粉的标准中规定，鱼粉中食盐的含量，一级与二级品应不超过 4%，三级品应不超过 5%，使用符合标准的鱼粉，不会出现饲料中食盐过的现象。但目前，国内有些厂家出产的鱼粉，食盐含量过高，甚至达 15% 以上。此种高食盐含量的鱼粉在饲粮中用量过多时，可引起食盐中毒。

（4）引起鸡肌胃糜烂：红鱼粉及发生自燃和经过高温处理的鱼粉中含有一种能引起鸡肌胃糜烂的物质——胃溃素。研究认为，其有类似组胺的作用，但活性远比组胺强。它可使胃酸分泌亢进，胃内 pH 值下降，从而严重地损害胃黏膜，使鸡发生肌胃糜烂，有时发生"黑色呕吐"。为了预防鸡肌胃糜烂的发生，最有效的办法是改进鱼粉干燥时的加热处理工艺，以防止毒素的形成。

（5）细菌污染：如果鱼粉在加工、贮存和运输过程中管理不当，很容易受到大肠杆菌、沙门氏菌等致病菌的污染。使用这样的鱼粉会使鸡的健康受到威胁。

2. 肉骨粉

近年来，人们对牛海绵状脑病（BSE，又称疯牛病）非常熟悉，究其病因，是用了有问题的肉骨粉喂牛引起的。为了切断病源，英国对反刍动物饲料中添加肉骨粉制定了2个限制性法案。鸡是单胃动物，没有严格禁止使用肉骨粉，但在实际应用时，应防止使用霉变的肉骨粉与肉粉喂鸡。应加强卫生检测，严格限制其中的真菌和细菌数量。

六、肉鸡饲料的无公害化管理

配合饲料生产是把众多种类的饲料原料，经一定的加工工艺，按一定的配比生产出符合不同饲养标准的合格产品。产品质量与原料的质量密切相关。只有严把好原料收购关，同时注意饲料加工、调制过程的无公害化管理，才能生产出质优价廉的配合饲料。

（一）饲料原料收购的无公害化管理

虽然组成配合饲料的原料种类繁多，但我国对大多数饲料原料都制定了相应的质量标准。因此，原料收购过程中一定要严格遵守原料的质量标准，以确保原料质量。饲料原料的质量好坏，可以通过一系列的指标加以反映，主要包括一般性状及感官鉴定，有效成分的检测分析，是否含有杂质、异物、有毒有害物质等。

1. 一般性状及感官鉴定

这是一种简略的检测方法，由于其简易、灵活和快速，常用于原料收购的第一道检测程序。感官鉴定就是通过人体的感觉器官来鉴别原料是否色泽一致、是否符合该原料的色泽标准、有无发霉变质、结块及异物等。如发霉玉米可见其胚芽处有蓝绿色，麸皮发霉后出现结块且颜色呈蓝灰色，掺有羽毛粉的鱼粉中有羽毛碎片，过度加热的豆粕呈褐色等。通过嗅觉来鉴别具有特殊气味的原料，检查有无霉味、臭味、氨味、焦糊味等，如变质的肉骨粉有异味，正常品质的鱼粉有鱼特有的腥香味等。将样品放在手上或用手指捻搓，通过触觉来检测粒度、硬度、黏稠性，有无附着物及估计水分的多少。必要时，还可通过舌舔或牙咬来检查味道，如过咸的鱼粉用舌舔可以鉴别。对于检查设施较为完善的地方，可借助于筛板或放大镜、显微镜、水分测试仪等进行检查。一般性状的检查通常包括外观、气味、温度、湿度、杂质和污损等。

2. 有效成分分析

（1）概略养分：水分、粗蛋白质、粗脂肪、粗纤维、粗灰分和无氮浸出物总称六大概略养分。它们是反映饲料基本营养成分的常用指标（图4-7、图4-8、图4-9）。

图4-7　蛋白质测定

图4-8　脂肪测定

图4-9　纤维素测定

（2）矿物质：在饲料中的矿物质，钙、磷和食盐的含量是饲料的基本营养指标。其含量不足，比例不当，往往会引起相应的缺乏症。但如果使用过量时，就会破坏肉鸡的正常代谢和生产过程。以上常量元素可通过常规法进行测定（图4-10、图4-11）。

图4-10　钙测定

图4-11　磷测定

（3）饲料添加剂：饲料添加剂包括微量元素、维生素、氨基酸等营养添加剂和生长促进剂、驱虫保健剂等非营养性添加剂。在生产过程中，饲料添加剂用量很少，价格较高，要求极严。大部分添加剂的分析要借助于分析仪器，如紫外分光光度计和液相色谱等，有时还采用微生物生化法和生物试验的方法加以检测。

3. 有毒有害物质的检测

饲料原料中含有的有毒物质大致可分为以下几类。

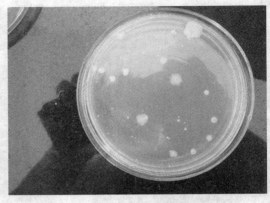

图 4-12　霉菌检查

（1）真菌所产生的毒素：如黄曲霉毒素、杂色曲霉毒素和棕色曲霉毒素等（图4-12）。

（2）农药残留：主要为有机氯、有机磷农药残留和贮粮杀虫剂残留等。

（3）原料自身的有毒物质：如棉籽饼（粕）中的棉酚，菜籽饼（粕）中的异硫氰酸酯，高粱中的单宁等。

（4）铅、汞、镉、砷等重金属元素及受大气污染而附上的有毒物质：如烟尘中的3，4-苯丙芘对饲料的污染等。

（5）某些营养性添加剂的过量使用：如铜、硒等，用量过大同样会引起肉鸡中毒。

有毒有害物及微生物的含量应符合相关标准的要求，制药工业的副产品不应作为肉鸡饲料原料，应以玉米、豆饼为肉鸡的主要饲料原料，使用杂饼粕的数量不宜太大，宜使用植酸酶减少无机磷的用量。

（二）加工和调制的无公害化管理

饲料企业的工厂设计与设施卫生、工厂的卫生管理和生产过程卫生应符合国家有关规定，新接受的饲料原料和各批次生产的饲料产品均应保留样品。

1. 粉碎过程

饲料生产中应用的谷物原料一般都先经过粉碎。粉碎大块的原料，要检查有无发霉变质现象。粉碎后的原料粒径减小，表面积增大，在鸡消化道内更多地与消化酶接触，从而提高饲料的消化利用率。通常认为饲料表面积越大，溶解能力越强，吸收越好，但是，事实不完全如此，吸收率取决于消化、吸收、生长、生产机制等。如饲料有过多粉尘，还会引起肉鸡呼吸道、消化道疾病等。因此，粉碎谷物都有一个适宜的粒度。同时，粉碎粒度的情况也将直接影响以后的制粒性能，一般来说，表面积越大，调质过程淀粉糊化越充分，制粒性能越好，从而也提高了饲料的营养价值。

2.配料混合过程

配料精确与否直接影响饲料营养与饲料质量。若配料误差很大，营养的配给达不到要求，一个设计科学、合理的配方就很难实现。

定期对计量设备进行检验和正常维护，以确保其精确性和稳定性。微量和极微量组分应提前进行预稀释，并应在专门的配料室内进行。

混合工序投料应按照先大量、后小量的原则，投入的微量组分应将其稀释到配料最大称量的5%以上。

同一班次应先生产不添加药物添加剂的饲料，然后生产添加药物添加剂的饲料。先生产药物含量低的饲料，再生产药物含量高的饲料。在生产不同的药物添加剂的饲料产品时，对所用的生产设备、用具、容器应进行彻底的清理。

3.调质

制粒前对粉状饲料进行水热处理称为调质，通过调质可达到以下目的。

（1）提高饲料可消化性：调质的主要作用是对原料进行水热处理。在水热作用下，原料中的生淀粉得以糊化而成为熟淀粉。如不经调质直接制粒，成品中淀粉的糊化度仅为14%左右；采用普通方法调质，糊化度可达30%左右；采用国际上新型的调质方法，糊化度则可达60%以上。淀粉糊化后，可消化性明显提高，因而可通过调质达到提高饲料中淀粉利用率的目的。调质过程中的水热作用还使原料中的蛋白质受热变性，饲料中的蛋白质就可充分消化吸收。

（2）杀灭致病菌：当今饲料研究的一个热点是饲料的安全与卫生。采用安全卫生欠缺的饲料，得到的禽畜产品就难以保证安全卫生。饲料与动物健康的关系虽已被饲料研究和生产者注意，但目前国内众多饲料厂采用在饲料中加入各种防病、治病药物的方法有很多弊端。大部分致病菌不耐热，可通过采用不同参数或不同的调质设备进行饲料调质，以有效地杀灭饲料中的致病菌、昆虫或昆虫卵，使饲料的卫生水平得到保证。同样配方的饲料，如经过高温灭菌后，鸡的发病率会明显下降。与药物防病相比，调质灭菌成本低，无药物残留，不污染环境，无副作用。

（三）包装、运输与贮存

（1）饲料包装应完整，无漏洞，无污染和异味。包装的印刷油墨应无毒，且不向内容物渗漏。

（2）运输作业应保持包装的完整性，防止污染。要使用专用运输工具，不应使用运输畜、禽等动物的车辆及运输农药、化肥的车辆运输饲料，运输工具和装卸场地应定期消毒。

（3）饲料保存于通风、背光、阴凉的地方，饲料贮存场地不应使用化学灭鼠药和杀虫剂等。保存时间夏季不超过10天，其他季节不超过30天（图4-13）。

图4-13 饲料贮存设备

第五章 肉用型鸡饲养管理技术

一、饲养方案

（一）饲养阶段的划分

根据肉鸡生长规律和营养需要特点，将饲养全程划分为几个阶段，各阶段采用不同营养水平的饲料和管理规程。由于各阶段鸡的营养需要和饲料配制不同，又称为料型分段。目前，快大型肉仔鸡的饲养标准有两段制和三段制两种，即将饲养全期划分为二或三个料型阶段。我国1986年公布的肉仔鸡饲养标准，分为0～4周龄和5周龄以上两段，以此配制成前期和后期料；目前，我国广泛采用三段制，即0～3周龄、3～6周龄和6～8周龄三段，以此配制的饲料分别称为前期料、中期料和后期料，因分段细更有利于保证肉鸡合理的营养，饲养效果优于二段制。

优质型肉鸡的阶段划分不同于快大型肉鸡。其饲养期长，一般分前期为0～6周龄，中期为7～10周龄，后期为11～15周龄。

肉种鸡则划分为育雏期、育成期和产蛋期3个阶段。

（二）饲养方式的选择

1. 弹性塑料网上平养

弹性塑料网上平养是在木条板上再铺一层弹性塑料方眼网，这种网柔软有弹性，可减少腿病与胸囊肿，鸡粪落入网底，减少了消化道疾病的再感染，特别对球虫病的控制有显著效果。因此，比厚垫料地面平养的成活率和增重要高，缺点是需要材料多。

2. 厚垫料平养

厚垫料平养肉用仔鸡是最普遍采用的一种形式。垫料要求干燥、松软，吸湿性强，不发霉，不应有病原菌和真菌类微生物菌落，不过长，以不超过5厘米为宜。可采用刨花、稻壳等，一般可在地面铺15～20厘米厚的垫料。肉鸡出售后将垫料与粪便一次性清除。厚垫料平养设备简单，成本低，胸囊肿及腿病发病率低。缺点是需要大量垫料，粪便污染垫料，成为传染源，易发生鸡白痢及鸡球虫病等。

3. 笼养

现代肉种鸡多采用全期笼养。快大型肉种鸡多采用长条育雏育成笼（图5-1）和阶梯式产蛋笼（图5-2）。优质鸡育雏期有时采用多层育雏笼（图5-3）。采用长条育雏育成笼和阶梯式产蛋笼更有利于自动饮水、自动喂料和自动清粪系统的使用，使生产效率大大提高，鸡不与垫料、粪便接触，减少了疾病的传播。

图5-1　育雏育成笼

图5-2　阶梯式产蛋笼

二、饲养管理

（一）饲养前的准备工作

1. 鸡舍及器具的准备与消毒

房舍的面积大小应按照饲养数量最多时为准。鸡舍寒冷季节应力求保温良好，还要能够适当调节空气；炎热季节能通风透气，便于舍内温度、湿度的调节。鸡舍要经常保持干燥，不要过于明亮，布局应合理，方便饲养人员的操作和防疫工作。对鸡舍内所有设备，进行彻

图5-3　多层育雏笼

底检查、整理、维修，并进行试运行。供电设备、控温设施等要认真检修，开食盘、饮水器数量要备足，力求每只鸡都能同时吃食，且尚有空位，饮水器周围应不见拥挤。

鸡舍的清洗消毒工作要在进鸡前1个月完成。首先是清扫，仔细清扫地

面、屋顶、墙壁及笼具等；清扫干净后，用高压冲洗机先用清水冲洗，再用加有消毒剂的水冲洗（图5-4）；待鸡舍墙壁、地面晾干后，用火焰喷射器把鸡舍墙壁、地面及舍内所有的用具设备喷烧两遍（图5-5）；用广谱消毒剂喷洒消毒后，再用高锰酸钾、福尔马林（含40%甲醛）熏蒸（图5-6），熏蒸前要铺好垫料，

图5-4　高压冲洗

所有器具都应放在鸡舍内一同熏蒸，封闭2周，在进鸡前1周开始通风。

图5-5　火焰喷烧

图5-6　甲醛熏蒸

2. 根据不同季节来确定饲养计划

为了防止盲目生产，要制定好饲养计划。饲养计划应包括进鸡时间、每批鸡的品种和数量、雏鸡的来源、饲料和垫料的数量、免疫用药计划和预期达到的经济效益等。

肉种鸡最好能做到全年均衡供应。春秋两季气温适宜，肉仔鸡生长发育快，体质健壮，成活率高，这时每平方米可以相对增加饲养数量。夏季，气温较高，为了防止通风不良及鸡只死亡，可以相对减少饲养数量。冬季环境较冷，日照时间短，提高了饲养成本（饲料与垫料数量增多，某些疾病发生率高，保暖设备需求等），应根据自己的经济实力来确定饲养数量。

3. 饲料、垫料、药品等的准备

进鸡前必须按计划进鸡的数量，提前预订每个阶段全价配合料，快长型商品鸡可按每只鸡4～5千克计算。地面平养时还要准备足够干燥、松软、不霉烂、吸水性强、清洁的垫料。育雏前还要适当准备一些常用药品，如消毒药类、抗白痢、球虫病的药物，防疫用的疫苗等（图5-7、图5-8、图5-9）。

图5-7 雏鸡开食用玉米糁子

4. 预热试温

无论采用何种饲养方式，在进鸡前2～3天都要做好鸡舍的预热试温工作，使其达到标准要求，并检查能否恒温，以便及时调整。如用烟道或煤炉供温，还应注意检查排烟及防火安全情况，严防倒烟、漏烟及火灾。

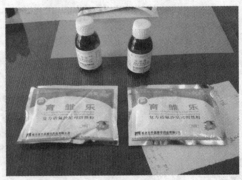

图5-8 营养添加剂

5. 饲养人员的配备

喂鸡是一项艰苦而细致的工作，作为饲养人员必须有高度的责任心，要经过专门的技术培训，掌握一定的技术。养鸡专业户也同样需要学习科学养鸡知识，在多次养鸡实践中不断积累经验，争取把鸡养得更好。

图5-9 预防鸡白痢的药品

（二）环境的标准及控制

主要包括温度、湿度、光照、空气质量以及虫害、鼠害等。

1. 温度的控制

（1）重要性：温度控制的好坏直接影响肉鸡的生长和饲料利用率，温度过高过低都会降低饲料报酬，同时，降低鸡体的抗应激能力。

（2）商品肉仔鸡温度控制的参考标准见表5-1。

表5-1　商品肉仔鸡温度控制的参考标准

日龄	温度（℃）	日龄	温度（℃）
1～3	35～32	15～21	28～26
4～7	32～30	22～28	24～22
8～14	30～28	29～35	23～21

白天使温度达下限，夜间达上限，如2周龄需要30～28℃，则白天28℃，夜间30℃。

（3）控制方法：使用干湿度计（图5-10），其悬挂高度与鸡背相平。每天至少检查4次。舍内温度低于标准时，用煤炉、火墙加热，密封鸡舍门窗，冬季鸡舍北窗内外两层塑料膜钉紧。舍内温度高于标准时，打开门窗、风机加强通风换气，供足清洁、卫生的饮水。通风时要逐渐进行，不要突然降温。炎热季节，增加带鸡消毒次数，如温度仍高，可向屋顶及墙壁喷凉水，使用风扇辅助降温。网上平养的鸡舍可在鸡粪清理后用凉水冲洗地面，夏天高温天气可将排风扇放于鸡舍一端地面，形成纵向通风降温。

图5-10　干湿温度计

在实际操作中，温度控制的好坏主要看鸡群的分散均匀度，如鸡群分布均匀，则温度适宜；若远离热源，则温度过高，反之，温度过低；如在某一角落聚集则证明有贼风。

（4）注意事项：育雏第一周保持舍内恒温特别重要；从第二周开始每周降2～3℃，降至21～23℃时最适宜，可获最佳增重和料重比；免疫当天及以后3天内应适当提高舍内温度1～2℃。

2. 湿度的标准及控制

（1）湿度要求：商品肉仔鸡前期1～2周龄保持相对高湿度，3周龄至出栏应保持相对低湿度，其参考标准见表5-2。

表5-2　肉仔鸡舍内湿度参考表（%）

周龄	相对湿度（%）	周龄	相对湿度（%）
1	70	4～5	60～65
2～3	65～70	5周以后	55～60

　　测定鸡舍的相对湿度用干湿温度计，利用干球读数与湿球读数的差来测定育雏舍的湿度，不同干、湿温度差的相对湿度值见表5-3。

表5-3　利用干球与湿球温度读数差确定相对湿度

干球温度与湿球温度读数差（℃）	1	2	3	4	5	6
干球温度读数（℃）	相对湿度（%）					
23	92	84	69	69	62	55
24	92	84	69	69	62	56
25	92	84	70	70	63	57
26	92	85	70	70	64	57
35	94	87	81	75	69	64
36	94	87	81	75	70	64
37	94	87	82	76	70	65

　　（2）控制方法：使用干湿度计，随时检查、调整温度，每天记录最高最低湿度。湿度低于标准时（特别是1～2周龄），可在煤炉上放置热水盆蒸发加湿，增加带鸡消毒次数，舍内多放水盆，用水分蒸发加湿；网上平养可在地面上洒水加湿。湿度高于标准时（主要是3周以后），在保证温度的条件下，保持通风良好，及时排出潮气；加强饮水管理防止水管、饮水器漏水，在添水时不使水洒在垫料上；每天按时清粪（网上平养），保持地面干燥；适当翻动垫料消除结块，添加新的干燥垫料；预防消化道疾病，防止泻痢；注意保温，尤其是夜间特别注意防止低温高湿。

　　3. 光照的标准及控制

　　（1）光照时间：1～3日龄昼夜24小时光照。4日龄后23小时光照，1小时黑暗（为使鸡适应黑暗以免引起炸群，关灯时间以夜间11～12点为好）。

　　（2）光照强度：每20平方米地面安装一个灯泡，离地面高1.8～2米，灯泡间距3～4米，14日龄前用60～40瓦的灯泡，以后用25～15瓦的灯泡即可。

　　为减少肉鸡猝死症和腹水症的发生，提高饲料转化率和后期生长速度，可使用表5-4中的光照制度。根据季节和鸡群状况做适当调整。如夏季在夜间可适当延长开灯时间，让鸡充分采食，当鸡群出现异常时也应延长开灯时间。

表5-4 光照制度

日龄	光照时数（小时）	黑暗时间
1～3	24	0
4～5	22	20：00～22：00
6～7	20	20：00～22：00，1：00～3：00
8～9	18	20：00～22：00，1：00～5：00
10～35	16	20：00～24：00，1：00～5：00
36～42	20	20：00～22：00，1：00～3：00
43 天后	22	20：00～22：00

4. 空气质量的标准及控制

鸡舍内由于鸡的呼吸、排泄及粪便、饲料等有机物的分解，使空气原有成分的比例发生变化，同时，增加了氨、硫化氢、甲烷、羟基硫醇、粪臭等有害气体、灰尘、微生物和水汽含量，鸡舍中氨浓度的卫生标准为20毫克/立方米以下，硫化氢浓度不能超过10毫克/立方米。根据生产实践经验，对于肉仔鸡舍要保持良好的空气质量，换气量和气流速度应分别达到，冬季0.7～1立方米/小时/千克、0.2～0.3米/秒，春季、秋季1.5～2.5立方米/小时/千克、0.3～0.4米/秒，夏季5.0立方米/小时/千克、0.6～0.8米/秒。

鸡舍的通风，根据动力的不同，可分为自然通风和机械通风两种方式。

（1）自然通风：依靠窗户和进风口、排风口来进行。在有窗鸡舍和棚舍内可以充分利用这一方式，但自然通风的效果往往受舍外自然风力的大小、门窗的设置和状态、房舍的朝向与跨度、饲养方式等的影响，生产中可根据具体情况具体对待。

（2）机械通风：依靠风机进行的强制性通风。一般使用轴流式风机，根据风机送、抽风及气流方向的不同，可分为正压通风与负压通风。正压通风是利用风机向舍内送风，使舍内气压高于舍外气压，舍内的空气通过门窗、缝隙向舍外扩散，而舍外空气则通过进风口、门窗进入舍内，从而达到通风换气的目的。负压通风是通过风机将舍内污浊空气抽出，根据气流在舍内的流动方式分为横向负压通风和纵向负压通风两种形式。横向通风下气流的方向与鸡舍纵轴的方向垂直，纵向通风下气流的方向与鸡舍纵轴的方向平行，在相同风向流量的情况下，横向通风方式的气流速度会明显低于纵向通风方式，舍内气流分布的均匀性也不及后者。

要保持良好的空气质量，除合理安排鸡舍通风外，还应注意及时清理粪便、保持舍内干燥，定期更换垫料以及减少舍内的粉尘。饲料中添加复合酶制剂，可有效降低粪便中营养成分含量，添加滑石粉或木炭渣，可降低粪便含水量和粪便臭味，添加丝兰提取物和微生态制剂可减少氨气的生成。

5. 蚊蝇及老鼠的控制

首先应提高房舍的严密性，鸡舍所有开口处都应用孔径为2厘米的铁丝网封闭。

鸡舍周围15米内要铲除杂草，地面都要进行平整和清理，设立"开阔地"，不种蔬菜、谷物以杜绝鼠和昆虫入侵鸡舍，如滋生杂草要经常铲除，场区周围减少积水，粪便堆积后及时进行一定处理等。以防止蚊虫孳生，传播疾病。

场区内不得堆放任何设备、建筑材料、垃圾等，防止野生动物和鼠类繁衍。一颗鼠粪含沙门氏菌可达25万个。沙门氏菌对人和动物有致病力，在动物体内繁殖后产生内毒素，内毒素对肠道产生刺激作用，引起肠道黏膜肿胀、渗出和坏死，引起严重的胃肠道炎症。老鼠本身并不发病，但是会带来很多病菌感染鸡群。所以，要注意防鼠患，特别是饲料仓库，要注意灭鼠。

另外，可定期使用灭蚊蝇及老鼠药物（注意不伤害鸡群）或器具，灭蚊蝇和灭鼠应选择符合农药管理条例规定的菊酯类杀虫剂和抗凝血类杀鼠剂等高效低毒药物。但是，也要注意不要使药物污染饲料，如果灭鼠灭蝇药混到鸡饲料里，对鸡群是一大危害。

舍内灭蝇可选择诱饵而不是杀虫剂。诱饵投放在鸡群不易接触到的地方，舍外灭蝇可采用喷洒杀虫剂，最好选择不刮风的时间，以免肉鸡吸入杀虫剂，经空气传播引起肉鸡中毒或产生药物蓄积。死鼠和死蝇处理要符合GB 16548畜禽病害肉尸及其产品无害化处理规程处理标准的要求。

（三）肉仔鸡的饲养管理

1. 肉仔鸡的饲养

饲养肉仔鸡的目的是在短期内为消费者提供优质安全的鸡肉产品，这与饲养肉种鸡和商品蛋鸡有着本质的区别。

（1）饮水和开食：雏鸡入舍后首先供给水质良好、清洁的饮水，以防止脱水。饮水中添加5%～8%葡萄糖补充能量；饮水中加入维生素、电解质和药物等，以增强鸡体的抗病力。一般每100只鸡配10～12个钟型饮水器；若用水槽，每只鸡至少应有2.5厘米的直线饮水位置；乳头饮水器的配备可按照10～15只鸡1个乳头。雏鸡开食料可用玉米糁子、小米、碎米等，也可直接用拌湿的配合料开食。开食时间为出壳12～24小时进行，开食料可放在料盘、厚纸或塑料膜上，让鸡自由啄食。

（2）饮水管理：采用自由饮水，确保饮水器不漏水，防止垫料和饲料霉变，饮水器要求每天清洗、消毒，最好是采用封闭式饮水系统。

（3）料型：喂养肉用仔鸡比较理想的料型是前期（0～2周龄）使用破碎料，中后期（2周龄后）使用颗粒料。破碎料与颗粒料的适口性好，营养全面，可促进鸡只采食，减少饲料浪费，并提高饲料转化率，粉料的饲喂效果较差。

肉仔鸡可自由采食或定期饲喂。采用自由采食的方式，应本着少给、勤添的原则。适当增加饲喂次数，既可以刺激鸡的食欲，又可尽量保持饲料新鲜，防止饲料发霉，减少浪费，可每间隔2～4小时饲喂1次；另外，饲喂次数的多少也与鸡的日龄、喂料方式、料型和器具类型等有关。

（4）公、母分饲：由于公、母鸡的生理特点不同，为了提高经济效益，可进行公、母分饲。

公、母鸡对蛋白质的需求量前两周相同，从3周龄开始，公鸡对蛋白质需求量明显高于母鸡。

公、母鸡沉积脂肪的能力不同，公鸡沉积脂肪能力差，能有效地利用高蛋白质和赖氨酸，大部分转化为体蛋白而快速增重，饲料利用率高。母鸡采食多余的蛋白质在体内转化为脂肪而沉积，饲料利用率较低。因此，公鸡日粮的蛋白质水平可比母鸡提高2%～4%，如添加赖氨酸可进一步提高饲料利用率。但母鸡日粮的蛋白质水平不宜超过21%～23%，以免造成浪费。

公、母鸡羽毛生长速度不同。公鸡长羽慢，母鸡长羽快。因此，公鸡的育雏温度要比母鸡高1～2℃。

公、母鸡生长速度及其转折点不同。公鸡生长速度快，母鸡生长速度慢，一般8周龄时公鸡要比母鸡重25%～30%。因此，公鸡的饲养密度要低于母鸡。母鸡在7周龄以后，其增重速度相对下降，饲料消耗增加，这时便可以出售。而公鸡到9周龄以后生长速度才降低，因此，公鸡可比母鸡晚出售2周，以充分发挥公鸡的生长潜力。

（5）饲料质量：饲料新鲜，防止发霉变质，防止毒素积累，发霉的饲料要进行高温堆肥处理。饲料中根据需要可以拌入多种维生素类添加剂。如需添加药物，必须符合规定。肉鸡生产末期的饲料内不应含药物，强调上市前最少7天饲喂不含任何药物及药物添加剂的饲料。

2. 肉仔鸡的管理

（1）采用全进全出制：全进全出制是指在同一鸡场同一时间内饲养同一日龄的鸡，采用统一的料号，统一的免疫接种程序和技术管理措施，并且在同一天出场，这样有利于鸡场的彻底打扫、消毒，为饲养下一批鸡做准备，提高饲养的经济效益。

（2）严格防疫管理：肉用仔鸡由于大群高密度饲养，易受细菌、病毒及寄生虫等侵害，造成各种疫病流行，给肉用仔鸡的饲养带来严重危害。为了有效地控制疫病的发生，有必要采取正确的消毒、药物预防及免疫措施。

（3）控制适宜温度：雏鸡入舍后要求严格控制温度，最初的1～3天达到34～35℃，以后逐渐降低育雏温度。重点抓好前3周龄温度管理，防止低温或大幅度降温，育雏温度不低于27℃。4～5周龄为脱温过渡期，每周下降3℃左右，5周龄后脱温饲养，保持20℃左右为宜，过低或过高，都对生长和饲料利用率造成影响。

（4）控制适宜湿度：育雏要求相对湿度为60%～70%，一开始相对湿度要求高一些，后慢慢下降。因此，在饲养后期可采取一些降低湿度的措施，如减少洒水，勤换过湿垫料，加大通风量，网上饲养时及时清除粪便等。

（5）控制适宜光照：根据当地的气候条件以及鸡舍的建筑特点可采用相应的光照制度，对于肉用仔鸡目前只有两种光照制度比较适宜，连续光照制度和间歇光照制度。具体方案可参考表5-5。

表5-5　两种光照制度比较表

类别	光照时间	光照强度
连续光照制度	前2天连续48小时光照，以后每天23小时光照，1小时黑暗	育雏第一周为4~5瓦/平方米，第二周降为3瓦/平方米，第三周为2瓦/平方米
间歇光照制度	1小时光照、3小时黑暗或白天全天光照，夜间1小时光照，3小时黑暗时间	育雏第一周为4~5瓦/平方米，第二周降为3瓦/平方米，第三周为2瓦/平方米

（6）加强通风换气：利用良好的通风换气设备进行机械通风并与自然通风相结合，使舍内氨气浓度不超过20毫克/立方米，硫化氢不超过10毫克/立方米，二氧化碳不宜超过0.25%，可按照下列标准来掌握：人进入舍内时无明显臭气，无刺鼻、涩眼之感，不觉胸闷、憋气、呛人为适宜。

（7）保持适宜密度：本着提高经济效益的原则，并依据生产实践经验，可根据鸡的日龄、管理方式、通风条件和外界温度的不同确定如下的适宜饲养密度。对于地面垫料饲养，可随日龄增大降低饲养密度，一般1周龄时40只/平方米左右，以后每周饲养密度相应减少，到7~8周龄时，可达到10只/平方米。板条或网上平养可比垫料平养密度增加20%左右。外界温度高时，密度可相应减少，外界温度低时，饲养密度可相应增加。

（8）加强严冬与盛夏的管理：盛夏天气炎热，饲料采食量常常较低，影响生长，这时候可以采取防暑降温的一些措施，并适当增加饲料中蛋白质的含量，以满足其生长的需要，并且饲料要新鲜，现拌现喂，少喂勤添。同时，做好环境卫生工作，特别是饲喂和饮水用具要经常刷洗，定期消毒。严冬季节气温低，鸡的食欲旺盛，这时可以适当减少饲料中蛋白质含量；并做好保温工作，协调好保温与通风的矛盾。冬季还是鸡的呼吸道、消化道疾病多发季节，应注意防治。

（9）减少残次品：防止和减少胸囊肿、挫伤、骨折与软腿等是提高胴体合格率的重要途径。肉鸡体重大，易出现腿部、关节疾病，应注意预防。另外，应使用松软、卫生的垫料，质量合格的网架，饲喂维生素、矿物质等营

养物质含量合格的饲料，这对防止上述疾病有很大的帮助。据调查，50%左右的肉鸡胴体质量下降是碰伤造成的，而80%是在肉鸡未到屠宰场之前，即出场后发生的。因此，肉鸡出场时，应尽可能防止碰伤，这对保证肉鸡商品合格率尤为重要。

（10）做好日常检查和记录：每天注意检查鸡群状况，根据鸡的精神状态和采食量来判断鸡群是否正常。及时将鸡舍内发病鸡挑出、隔离，对死鸡进行剖检、分析，然后进行无害化处理（深埋或焚烧等），并根据鸡的抗体水平来制定免疫计划。建立生产记录档案，包括进雏日期、进雏数量、雏鸡来源、饲养员。每天的生产记录包括：日期、肉鸡日龄、死亡数、死亡原因、存栏数、温度、湿度、免疫记录、消毒记录、用药记录、喂料量、鸡群健康情况、出售日期、数量和购买单位，记录应保存两年以上。

（11）肉鸡出栏的适时控制：肉鸡出栏最好在晚间或凌晨进行。肉鸡出栏前6~8小时停喂饲料，但可以自由饮水。肉鸡出售前要做产地检疫，按GB 16549标准进行，包括鸡群的群体检查和个体检查。群体检查以静态时的精神状态、外貌、呼吸、吞咽等时的反应状态为内容。合格肉鸡可以上市，不合格肉鸡或检出传染病时，按GB 16548处理。要求运鸡的车辆应洁净，无鸡粪和化学品遗弃物。

（四）优质肉鸡的饲养与管理

优质肉鸡生产与快大型肉用仔鸡生产不同。快大型肉鸡主要追求生长速度，而优质肉鸡特别重视肉质与外观，即要求上市时冠红、面红、羽毛及皮肤颜色等符合品种要求。优质肉鸡的饲养期大致分为3个阶段：育雏期（0~6周龄）、生长期（7~11周龄）和肥育期（12周龄至上市）。

1. 优质肉鸡的饲养条件及技术要求

（1）温度：温度适宜是育雏成败的关键，第一周育雏舍温度以32~35℃为宜，以后每周下降3℃。操作时要根据鸡群的行为来判断温度是否适宜。脱温后舍内温度以保持在20℃左右为最好，因为此时鸡维持需要的能量消耗最低，饲料转化率最好。

（2）湿度：优质肉鸡适宜的相对湿度为10日龄前65%~70%，10日龄后55%~65%。

（3）通风：目的是排出舍内有害气体，补充新鲜空气，保持舍内一定的气流速度，并调节舍内的温度和湿度。一般要求舍内氨气浓度要低于20毫升/立方米，以人在舍内感觉舒服为宜。

（4）饲养密度：饲养密度包含4个方面的内容：一是每平方米养多少只鸡；二是每只鸡占有多少料槽位置；三是每只鸡饮水位置有多少；四是通风条件好不好。一般饲养密度参照表5-6。

表5-6　优质肉鸡饲养密度

饲养方式	日龄	密度（只/平方米）
地面、网上平养	1～30	30
	31～60	15
	61～100	8
多层笼养	1～30	45～60
阶梯式笼养	31～60	25～30
	61～100	12～15

（5）光照：第1、第2日龄实行24小时光照，以后每3天在夜间减少半小时；光照强度的原则是由强变弱。1～2周龄每平方米2～3瓦，3周龄后每平方米0.7～1.5瓦，以鸡能看见采食饮水为准，灯距地面2米左右。

（6）垫料：网上平养1～4日龄可在部分网面铺牛皮纸。地面平养垫料一定要干燥松软，吸水性强，不发霉，长短粗细适宜。常用的垫料有锯末、稻草等。饮水器周围的潮湿垫料要及时更换。

（7）饮水：饮水要新鲜，水质达"无公害食品　畜禽饮用水水质"标准。

（8）饲料：应根据优质肉鸡不同阶段的营养需要量以及无公害肉鸡饲养饲料使用准则配制日粮。在整个饲养周期中应提供足够的采食位置，保证充足的采食时间。优质肉鸡的营养标准多数采用育种单位推介的营养水平。一般来说，优质肉鸡的营养需要在大型肉鸡的基础上适当降低，蛋白质降低4%～6%，能量降低2%～3%，氨基酸、微量元素水平与蛋白质同步降低。

2. 优质肉鸡的饲养管理

（1）育雏期的饲养管理：制定育雏计划，包括饲养的品种、数量、育雏时间、鸡舍和设备、饲养人员、饲料、药品、疫苗等；育雏舍的预温；雏鸡的挑选。

优质肉鸡的育雏期时间较长，要合理安排饲养。优质肉鸡蛋重轻，雏鸡的出生重低，需要较高的育雏温度，比一般育雏要求高 1～2℃。雏鸡开食后，要采用少量多次的饲喂方法，即育雏阶段每天饲喂 5～6 次，每次加的量要少，让鸡全部吃干净，料桶空置一段时间后才加下一次的料。这样可以引起鸡群抢食，刺激食欲。

6～10 日龄断喙（图5-11）。将上喙断去 1/2～2/3，下喙断去 1/3。具体方法是：待断喙器的刀片烧至褐红色，用食指扣住喉咙，拇指压住鸡头，使雏鸡缩舌防止烧到舌尖，上下缘同时断，断烙的时间为 1～2 秒；若发现有的个别鸡断喙后出血，应再行烧烙。断喙时应注意：免疫期不断，断喙过程中不能同时进行免

图 5-11　断喙前后对比

疫；断喙前在每千克饲料中加入 2 毫克维生素 K，以防出血过多，其他维生素的添加量也要增加 2～3 倍；断喙后立即供给清洁饮水，料槽和水槽要上满些，以免碰到坚硬的料槽和水槽。

（2）育成期的饲养管理：这一阶段可采取笼养、网上平养、地面平养、牧坡和果园放养。优质肉鸡饲养时间较一般快大型肉鸡长，免疫不可忽视，免疫程序一般较快大型肉鸡复杂，应根据实际情况制定免疫程序，按免疫程序进行免疫。

优质肉鸡的饲养时间长，公、母鸡的营养要求不同，上市日龄和体重要求不同，故与快大型肉鸡饲养相比，优质肉鸡公、母应在育雏期结束前后分开饲养。有的地区在公鸡饲养到 50～60 天时，进行阉割，这样容易育肥，肉质细嫩，味道鲜美，售价比未阉割的公鸡高。

从育雏料换育成料时，最好有 2 天过渡，即第一天换 1/3 育成料，第二天 2/3 育成料，第三天全部换过。从育雏舍转育成舍或散养前后 3 天，可在饮水中加入水溶性多维、抗生素，以减少转群、换料带来的应激反应，尤其是

转散养，一定要先转一小部分，等先转的鸡适应新环境后，再放大群跟进。

（3）肥育期的饲养管理：为取得最好的肥育效果，这一阶段最好笼养，以减少鸡的活动量，加速体内蛋白质和脂肪的沉积。从育成料换肥育料也应有2～3天的过渡。

（五）肉种鸡的饲养管理

1. 肉种鸡饲养管理的基本要点

优质肉种鸡的饲养管理类似蛋种鸡，这里重点讲快大型父母代肉种鸡的饲养管理。

（1）健康要求：影响肉种鸡生产性能的最大因素之一是疾病，在肉种鸡的整个饲养过程中，时刻受到各种疾病的威胁，作为肉种鸡饲养管理人员，应时刻关注种鸡的健康状况，并尽可能给种鸡建立一个生物安全体系，这将是成功饲养肉种鸡的最根本保障。

实践证明，最行之有效的安全体系是全进全出制，即在同一个鸡场只饲养一批同一品种、同一日龄、同一代次的鸡群，从育雏、育成至产蛋，整个生产周期都是全进全出。

（2）营养要求：营养全面的饲料是肉种鸡生长发育和生产性能表现的基础。肉种鸡营养成分摄入是通过饲料的营养成分和饲喂量进行调控的。这两者必须结合起来考虑。同时还应考虑到环境温度、操作应激、疾病等因素的影响。

饲料营养成分配比不合理（如氨基酸不平衡或钙磷比例不当等），也会影响鸡对营养成分的吸收，影响增重；霉变的饲料不仅破坏饲料营养成分，还会影响鸡的采食量，甚至损坏肝脏、肾脏、肠道等器官，从而使鸡生长发育受阻，生产性能下降等。所以，一定要把好饲料原料采购关，使用科学的饲料配方及先进的加工工艺，配制营养全面而平衡的饲料。同时，对使用中的成品料要定期抽检，测定其有效成分，在计算给料量时做到心中有数。

（3）体重控制：快大型父母代肉种鸡具有其商品代肉鸡生长速度快、饲料转化率高的特性。在肉种鸡的整个饲养期，如果体重控制稍有不慎，种鸡就会超重；如果控制过严，造成种鸡增重不足或失重，又会影响到种鸡的生长发育及生产性能的发挥。因此，父母代种鸡在育雏育成期应严格按照饲养标准进行饲喂，在产蛋期，除保持种鸡少量增重外，应尽可能避免种鸡过度超重或出

现失重现象，使种公鸡和种母鸡在整个生产期都获得最佳的生产性能。

　　喂料量是影响种鸡体重的主要因素之一。在实践中制定每周的喂料量时，应该"瞻前顾后、循序渐进"。既要参考前3周的喂料量，又要预定后3周的喂料量。育雏育成期，每周喂料量增加的幅度，要依据饲料浓度、环境条件及鸡的增重来决定。开始时，每周喂料量增幅应较少，随着种鸡生长速度的加快而逐渐提高喂料量的增幅。产蛋期喂料量的减少幅度，主要依据产蛋率、蛋重、饲料浓度、环境条件及鸡的增重来决定。产蛋高峰过后，喂料量的减幅较大，随着产蛋率的平稳下降，减料幅度应稳定在一个较低的水平。

　　每周定期称重是检查喂料量是否准确的主要依据，根据称重结果，可及时调整每周的喂料量。定期称重还能及时了解鸡群的生长发育状况和均匀度等信息。

　　肉种鸡公母鸡体重标准不同，育雏育成期应公母分群饲养，这种饲养模式有利于分别控制公鸡和母鸡的体重，最大限度发挥双方各自的生产性能。

　　（4）均匀度控制：生长发育均匀一致的鸡群，对光照刺激的反应也一致、增加饲料的反应也较好，可以获得较理想的产蛋高峰，高峰期持续的时间也较长，整个生产期的生产性能和生产效益都比较理想。

　　影响均匀度的两个主要因素是：遗传上的差异和管理上的差异，而管理上的差异是造成均匀度差异的主要原因。实践中越早控制均匀度，效果越好。分群饲养，定期挑鸡是提高均匀度的有效方法之一；适宜的饲养密度、充足的采食和饮水空间、合理的饲喂和饮水程序、良好的鸡舍环境等，都是提高均匀度的基本保障。

　　（5）环境控制：环境控制的目的就是为肉种鸡提供一个舒适的环境，使温度、湿度和通风都得到有效控制，以最大限度地发挥肉种鸡的生产性能。

　　2. 育雏期的饲养管理

　　（1）接雏前准备：育雏前，检修好育雏舍、育雏设备和电路；准备足够的开食盘、料槽、饮水器，并将其清洗干净后用0.1%的高锰酸钾溶液等消毒液浸泡消毒，再用清水洗净；将已经冲洗干净的育雏舍再彻底清扫一遍，包括地面、墙壁、门窗、鸡笼（或网床）和其他育雏用具，用1%～2%的火碱水浸泡地面及墙壁1米高以下2～4小时后，再用清水冲洗；水干后，再用

0.3%～0.5%的过氧乙酸溶液或其他消毒剂溶液，进行高压水枪喷洒消毒；待水干后，将底网、侧网安装好，用火焰对笼架、底网、侧网及料槽仔细喷烧2遍，将其余设备全部安装布置好（地面平养要铺好垫料），把鸡笼（或网床）、料槽（开食盘）、饮水器和其他育雏用具放入育雏室一同用15克/立方米高锰酸钾、30毫升/立方米福尔马林（含40%甲醛）密闭熏蒸，24小时后打开门窗和排风扇排尽甲醛气味，至少空置2周。进雏2天前，检验调试（火炉供暖要检查炉子烟筒是否漏气），一切正常后要提前预温，将育雏室内环境条件调到育雏所需要求，尤其是温度，据作者经验待育雏舍温度达到36℃以上时，方可接鸡。

如果是垫料育雏，应在甲醛熏蒸前，在地面铺设5～7厘米厚的新鲜垫料。垫料应松软、吸水性强、无霉变、无昆虫和昆虫卵，更不能混杂有玻璃片、钉子、刀片、铁丝等坚硬杂物，以免对雏鸡造成伤害。

（2）接雏：

①雏鸡运到后，应迅速将雏鸡从运雏车上转移到育雏舍，并将箱盖打开、分布于热源附近，然后逐箱进行清点和挑选，空运雏箱和残鸡搬出舍外进行销毁。

②初饮：初生雏鸡第一次饮水为初饮。雏鸡入舍后，将公母分群安放好后，稍作休息即可进行初饮。初饮的水应提前放在育雏舍内，最好是凉开水或软化水，第一天在饮水中可适当添加5%～8%的葡萄糖或白糖，0.1%的维生素C或电解多维，及预防雏鸡白痢的药物，如果雏鸡经过长途运输，此配液可连用3天，但每次必须是现饮现配。注意备足饮水器（或水槽），保证任何时候饮水器（或水槽）都有干净饮水；雏鸡刚进育雏室对环境不适应，不会饮水，放鸡时可逐只在水里沾一下喙，或是先抓几只雏鸡，把喙按入饮水器，这样反复2～3次雏鸡便可学会饮水，这几只雏鸡学会后，其他的雏鸡很快都去模仿（图5-12）。

图5-12 初饮

③开食：雏鸡第一次喂食叫开食。一般掌握在出壳后的24～36小时，初饮后2～3小时、当有1/3的雏鸡有求食的欲望时开食。开食不宜过早，过早开食因胃肠功能较弱，容易损伤消化器官；但是过晚开食有损体力，影响正常生长发育。据作者经验：玉米糁子易消化，用玉米糁子开食，有利于胎粪的排出，可减少雏鸡白痢病的发生，每只鸡需准备玉米糁子5克。将玉米糁子撒于开食盘或塑料布上，耐心诱导采食，随后便可饲喂干的颗粒雏鸡料。每次添料时，应及时清理料盘里的旧料，并定期对料盘进行清洗消毒。尽量保证全群鸡给料均匀一致（图5-13）。

图5-13　开食

④称重和记录：在雏鸡初饮、开食前，随机留出几盒雏鸡用于称初生重。用误差小的电子秤，公母分别取样2%～3%。统计并记录路途死亡、入舍死亡及实际入舍数。对于健康鸡群中的个别有问题的雏鸡，应及时挑出并淘汰。

（3）雏鸡的管理：为雏鸡提供适宜的温度、湿度、通风、清洁卫生的饮水、优质的饲料等，并进行精心的管理，使雏鸡能够健康、快乐地生长和发育，并达到预期的体重、均匀度及成活率，为今后生产性能良好的发挥奠定基础。

①育雏温度：温度是培育雏鸡的首要环境条件，温度控制得好坏直接影响育雏效果。观察温度是否适宜，除看温度计外（注意：温度计要挂在鸡活动区域里，高度与鸡头水平），主要看雏鸡的表现。当雏鸡在笼内（或地面、网上）均匀分布，活动正常，采食、饮水适中时，则表示温度适宜；当

雏鸡远离热源，两翅张开，爬地张口喘气，采食减少，饮水增加，则表示温度过高，应设法降温；当雏鸡紧靠热源挤压成堆，吱吱尖叫，则为温度偏低，应加温（注意：夜间温度比白天应高1～2℃）。不同育雏方式的育雏温度要求详见表5-7、表5-8（图5-14、图5-15、图5-16）。

表5-7　笼养建议的育雏温度

日龄	温度（℃）	日龄	温度（℃）
0～3	34～31	22～28	24～21
4～7	31～29	29～35	23～21
8～14	29～27	35～42	23～21
15～21	27～24		

注：表中温度是指雏鸡活动区域内鸡头水平高度的温度

表5-8　不同取暖方式平养的育雏温度

整舍取暖育雏法		温差育雏法		
日龄	鸡舍温度（℃）	日龄	育雏伞边缘温度（℃）	鸡舍温度（℃）
1	31	1	33	27
3	30	3	32	26
6	29	6	30	25
9	28	9	29	25
12	27	12	27	24
15	26	15	26	23
18	25	18	25	22
21	24	21	24	22

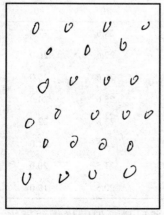

图5-14　育雏温度过高　　图5-15　育雏温度适宜

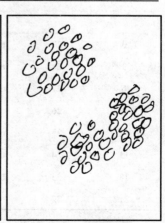

图5-16　育雏温度偏低

0～3日龄的温度控制至关重要，温度偏低雏鸡受凉，会导致死亡率升高、生长速度降低、均匀度差、应激大、脱水以及较易发生腹水症的后果。据作者经验，前3天的温度尤其是夜间温度一定要达到34℃。防止温度偏低固然重要，但也要防止温度过高，温度过高会导致雏鸡脱水、死亡率增高。出现矮小综合症和鸡群均匀度差。活动减少，饮水增加，采食减少，影响雏鸡的生长发育，严重时会引起，由于心血管衰竭（猝死症）的死亡率较高。随着雏鸡日龄的增大，育雏温度应逐渐降低，且要保持育雏舍内温度相对稳定。

②相对湿度：湿度对雏鸡的影响不像温度那样严重，但当湿度过高过低或与其他因素共同作用时，可能对雏鸡造成很大危害。因此，育雏舍的湿度不可忽视。雏鸡较适宜的环境湿度是55%～65%，育雏前期即1～10日龄湿度要稍高些，60%～70%，育雏中后期即10日龄以后湿度要低些，50%～60%。育雏前期湿度过低，可在火炉上放水盆或水桶蒸发水分或者在地面、墙壁上喷水；中后期湿度过大时，应加大通风量，降低饲养密度，防止漏洒水。测定育雏舍的相对湿度用干湿温度计，利用干球读数与湿球读数的差来测定育雏舍的湿度，在不同的相对湿度下达到所对应的干球温度见表5-9。

表5-9　不同的相对湿度下达到所对应的干球温度

日龄（天）	目标温度（℃）	相对湿度（%）	不同相对湿度下的温度（℃）			
			理想			
		范围	50	60	70	80
0	29	65～70	33.0	30.5	28.6	27.0
3	28	65～70	32.0	29.5	27.6	26.0
6	27	65～70	31.0	28.5	26.6	25.0
9	26	65～70	29.7	27.5	25.6	24.0
12	25	60～70	27.2	25.0	23.8	22.5
15	24	60～70	26.2	24.0	22.5	21.0
18	23	60～70	25.0	23.0	21.5	20.0
21	22	60～70	24.0	22.0	20.5	19.0

③通风：在育雏期间，虽然雏鸡不需要太大的通风量，但同样需要适当

地补充氧气、排出湿气、氨气、二氧化碳等有毒有害气体。因此，育雏舍在做好保温的同时，应定期适当通风，引入新鲜空气，排出有害气体。判断舍内空气新鲜与否，在无检测仪器的条件下以人进入舍内感到较舒适，即不刺眼、不呛鼻、无过分臭味为适宜（氨气不超过20毫克/立方米，硫化氢不超过10毫克/立方米，二氧化碳不超过0.15%）（图5-17）。

图5-17　育雏舍换气扇

④饮水管理：水对鸡来说是最重要的营养，水分约占鸡体总重量的70%。限制饮水量会降低耗料量，降低生长速度。如果在炎热季节得不到饮水，鸡很快会死亡。

不管使用城市生活用水还是井水，水质要达到表5-10的水质标准。每月至少要对饮水设备末端饮水中的细菌含量检测一次，确保大肠杆菌水平不超标。

表5-10　家禽饮水的质量标准

混合物	最高限度	备注
总细菌量	100/毫升	最好为0
大肠杆菌	50/毫升	最好为0
硝酸盐	25毫克/升	
亚硝酸盐	4毫克/升	3～20毫克/升的水平有可能影响生产性能
pH值	6.8～7.5	pH值最好不要低于6.0，低于6.3会降低生产性能
总硬度	180	低于60表明水质过软；高于180表明水质过硬
氯	250毫克/升	钠离子高于50毫克/升，氯离子低于14毫克/升就会有害
铜	0.06毫克/升	含量过高产生苦的气味
铁	0.3毫克/升	含量过高产生恶臭气味
铅	0.02毫克/升	含量高具有毒性
镁	125毫克/升	含量高具有轻泻作用，如果硫含量高，镁含量高于50毫克/升则会影响生产性能
钠	50毫克/升	如硫或氯水平高，钠高于50毫克/升会影响生产性能
硫	250毫克/升	含量高具有轻泻作用，如果镁或氯含量高，硫含量高于50毫克/升则会影响生产性能
锌	1.5毫克/升	含量高具有毒性

肉种鸡对饮水量的需求与采食量、环境温度、活动量等多种因素有关。管理人员要养成触摸鸡嗉囊的习惯，经常触摸可以确定正常的饮水量。充足的饮水，嗉囊柔软顺滑，嗉囊坚硬意味着饮水不足。鸡舍温度在21℃时，饮水量和喂料量的比率大约是2∶1。表5-11是不同温度条件下饮水量和喂料量的最低比率。

表5-11　不同温度条件下饮水量和喂料量的最低比率

温度（℃）	水／料（毫升／克）	增减（％）
15	1.8	−10
21	2.0	0
27	2.7	+33
32	3.3	+67
38	4.0	+100

⑤喂料管理：从一日龄开始，就要使用雏鸡专用开食盘，以方便雏鸡采食。一般情况下，每30～50只雏鸡1个开食盘（视开食盘大小而定）。认真观察雏鸡的采食情况和嗉囊的充满程度。雏鸡采食24小时后，超过80%的雏鸡嗉囊应该是满的。48小时后，超过90%的雏鸡嗉囊应该是满的。到72小时，所有的雏鸡嗉囊应该是满的。如果使用料槽或自动喂料设备，3天后，应将开食盘移向料槽或自动喂料设备，同时，在料槽或自动喂料设备中添加饲料，使雏鸡熟悉并学会从中采食。1周后，逐渐撤出开食盘。2周后完全使用料槽或自动喂料设备。

⑥母鸡的饲喂程序：母鸡在1～4周龄应采用高质量的育雏料，当每只鸡累计消耗到850～900克育雏料时，要将育雏料换成平衡且质量高的育成料。换料通常在25～28日龄之间。根据饲料配方和所使用的饲喂设备，一般第一周龄自由采食，第二周龄后，当每只母鸡每天消耗大约30克饲料时开始每日限饲。根据每日限饲的程序，15日龄时将日耗料量提高到每只母鸡35克，22日龄提高到39克。因饲料配方和鸡品种不同，实际喂料量应以使雏鸡能达到该品种所推荐的体重标准为准，尽量避免雏鸡体重超重或体重不足。因此，育雏期每周要抽查称重2次，一旦发现体重偏离标准，可及时调整喂料量。

鸡群吃料时间长短的变化可告知饲养管理人员料量给多了还是少了。将每日鸡群吃料的时间做记录，并作为饲养管理方法之一。吃料时间受多种因素的影响，如温度和饲料成分等。当鸡群吃料时间比平常缩短时，表明鸡群需要更多的饲料；当鸡群吃料时间延长时，也许是饲喂的料量过多，或存在健康问题，或饲料质量有问题。鸡群吃料时间快于3～4小时，应采取隔日饲喂或3/4制饲喂程序。

⑦断喙：一般在6～7日龄时进行断喙。刀片的温度要适宜，呈暗樱桃红色。将拇指置于雏鸡头部后方，食指置于喉部下方，同时，用食指轻压鸡喉部使舌头后缩，将合并的鸡嘴直线在刀片上烧2～3秒，即完成断喙。如果断喙操作准确，上喙大约断1/2、下喙断1/3。

断喙后12小时内，饲养人员必须加强巡视，密切观察鸡群状况，若发现仍有鸡流血，必须立即挑出隔离饲养，直至创口恢复正常为止。断喙后数天内，要在喂料器内多加饲料，以减少应激并帮助创口愈合。

3. 育成期的饲养管理

控制环境条件和饲养程序，培育体重均匀、身体健康的种母鸡和种公鸡，使其体格健壮、体型优美、体况良好，能适时达到性成熟。

（1）饲养密度：根据鸡舍的条件、饲养方式和饲养设备的类型来决定饲养密度。密度过大，鸡群过于拥挤，将不利于鸡群的采食和饮水，影响鸡群的均匀度。表5-12是厚垫料平养时的推荐密度。

表5-12　育成期饲养面积、采食面积和饮水面积推荐值

	公母分开饲养		公母混养
	公鸡	母鸡	
饲养面积			
开放式鸡舍	3只/平方米	5.2只/平方米	5.2只/平方米
密闭式鸡舍	4只/平方米	6.2只/平方米	6.2只/平方米
采食面积			
链式料槽	20厘米/只	15厘米/只	15厘米/只
圆形料桶（直径42厘米）	8～12只/个	14只/个	12～14只/个
圆形料桶（直径33厘米）	8～10只/个	12只/个	12只/个
饮水面积			
水槽	4.0厘米/只	2.5厘米/只	2.5厘米/只
乳头饮水器	8只/个	10只/个	10只/个
钟形饮水器	60只/个	80只/个	80只/个

（2）饲喂设备：饲喂设备的选择很重要。无论采用任何饲喂设备，都要保证鸡有足够的采食位置，但又不能太富余，确保所有鸡能同时进食，饲喂面积充足可使饲料分布均匀，同时，防止鸡进食时过分拥挤；必须保证在最短时间内布料完毕，一般不超过5分钟，最好在2分钟以内。

若使用塞盘式喂料器，要保证塞管内永远保持充满料。每个料盘可利用的面积决定每个料盘可供鸡的数量。无论采用何种饲喂设备，都要确保鸡在3米以内就能采到食。平养饲喂器的高度随着鸡的生长而调整，使其上沿始终保持比母鸡背部高出3厘米左右。这样有助于防止饲料浪费，防止垫料混入饲料中。

（3）饲喂程序：每次饲喂前，必须准确称量当天所需要的饲料量。定期检查饲料秤的准确度；采用准确的计量单位，并在每天使用之前对秤进行检查。饲料储备不宜过多，一般情况下所储备的饲料量只够1周内使用。使用料塔储料时，最好配备2个料塔。在不影响供料的情况下，可每周对其中一个料塔进行清理消毒（图5-18）。

使用链槽式饲喂器时，在喂料期间应使其持续运转，直至鸡吃完全天的饲

图5-18　种鸡场储料塔

料配额。如果断断续续运转，鸡群中较霸道的鸡会比较弱的鸡吃料多，导致鸡群均匀度较差。如果喂料设备必须停止运转才能让鸡采食，运转之间的间隔时间应尽量缩短，料槽中应保持有料，料槽中的饲料应略微盖住链条。使用料桶和料盘喂料时，饲料厚度也要适宜，以便鸡采食并避免浪费。

即使喂料设备能快速将饲料分布均匀，为每一只鸡提供相同的采食机会，但鸡采食时还会有扎堆、挤压、空档等现象，需要饲养人员采取一些辅助措施，如轰、赶等。因此，为鸡供料时应有工作人员在场，密切观察鸡群情况，保证所有鸡同时采食到足够的饲料，一旦发现问题，要及时解决。

（4）限饲程序：从鸡的生理需要讲，最好的饲喂程序应该是每日限饲的程序。然而，为控制肉种鸡的体重，必须使每日饲料量远低于自由采食的料

量。由于每日喂料量太少而不能确保在整个饲喂系统中均匀分布，从而影响到鸡群的增重和均匀度。为解决这一问题，在生产实际中研发了几种饲喂程序，如：隔日限饲、喂4限3、喂5限2和喂6限1等，具体程序见表5-13。

表5-13　常用的限饲程序

限饲程序	星期日	星期一	星期二	星期三	星期四	星期五	星期六
每日喂料	√	√	√	√	√	√	√
隔日饲喂	×	√	×	√	×	√	×
喂4限3	×	√	√	×	√	×	√
喂5限2	×	√	√	×	√	√	√
喂6限1	×	√	√	√	√	√	√

由于"喂4限3"饲喂程序可获得更稳定缓和的周增料，近年来使用较为广泛。要想获得最佳效果，饲养管理人员必须对几种限喂程序加以良好运用。炎热季节时，应在一天中最凉爽的时间喂料，不允许在早晨7:00以后才饲喂；决不允许到了下午料槽里还有剩料。如果在炎热季节，鸡群正好进入产蛋期，则增料速度应减缓。表5-14是AA种鸡常用的限饲程序推荐表，仅供参考。

表5-14　AA种鸡常用的限饲程序推荐表（母鸡）

周龄	饲料种类	限饲程序	代谢能（兆焦/千克）	粗蛋白（%）
0～3	育雏料	每日饲喂	12.56～13.07	17.0～18.0
4～11	育成料	喂4限3	11.84～12.82	15.0～15.5
12～17	育成料	喂5限2	11.84～12.82	15.0～15.5
18～20	产前料	喂6限1	12.56～13.07	15.5～16.5
21～24	产前料	每日饲喂	12.56～13.07	15.5～16.5

（5）饲料转换（母鸡）：育雏后期鸡群体重正常，可从第4周龄开始，由育雏料转换为育成料；如果育雏后期鸡群体重不足，可从第5周龄开始由育雏料转换为育成料。

育成后期鸡群体重正常，可从第18周龄开始，由育成料转换为产蛋前期料，一直喂到23周龄，24周龄后再由产蛋前期料转换为产蛋料；如果鸡群体重超重，则育成料可一直喂到23周龄，24周龄后再由育成料转换为产蛋料。

（6）饮水管理：育成期饮水管理的重点在于既要保证鸡群有充足的饮水，又要避免鸡群不必要的戏水，造成垫料潮湿或拉稀粪。因此，采用一个科学合理的限水程序是非常必要的。采用任何限水程序都必须谨慎运作。当天气炎热（环境温度高于30℃）或鸡群遭遇应激时，不要限水。表5-15中的限水程序仅供参考。

表5-15　育成鸡限水程序

时间	喂料日	限饲日
上午	喂料前先给0.5～1小时饮水（喂料期间继续供水）。鸡吃完料后继续供给1～2小时饮水	清晨给水30～60分钟后停水
下午	继续供给2～3次饮水，每次20～30分钟	供水2～3次，每次20～30分钟
晚上	天黑或熄灯前供给最后一次饮水，时间每次20～30分钟	天黑或熄灯前供给最后一次饮水，时间每次20～30分钟
全天	全天供水时间累计约6小时	全天供水时间累计约2.5小时

（7）光照：利用种鸡对光照长度和光照强度的反应，刺激种鸡的性成熟和繁殖潜力，以取得最佳的效果。开放式鸡舍和密闭式鸡舍的推荐光照程序见表5-16和表5-17。

表5-16　开放式鸡舍光照程序

日龄	顺季	逆季
0～3	23～24小时	23～24小时
4～10	每天减2～3小时，减到自然光照长度为止	每天减2～3小时，减到自然光照长度为止
11～77	自然光照长度	自然光照长度
78～140	自然光照长度	自然光照长度+人工补充光照长度（两项光照长度之和足以保持77日龄的自然光照长度）
141～147	自然光照长度	自然光照长度+人工补充光照长度＝13小时
148～154	自然光照长度+人工补充光照长度＝14小时	自然光照长度+人工补充光照长度＝14小时
155～161	自然光照长度+人工补充光照长度＝15小时	自然光照长度+人工补充光照长度＝15小时
162～168	自然光照长度+人工补充光照长度＝16小时	自然光照长度+人工补充光照长度＝16小时
169日龄后	16小时，最多不超过16.5小时	16小时，最多不超过16.5小时

注：顺季指自然光照时间逐渐延长；逆季指自然光照时间逐渐缩短

表5-17　密闭式鸡舍光照程序

日龄	光照时间	光照强度	光照强度
0~3	23~24 小时	20~30 勒克斯	2~3 烛光
4~21	每天减 1~2 小时，减到 8 小时为止	20~30 勒克斯	2~3 烛光
22~147	8 小时	5~10 勒克斯	0.5~1 烛光
148~154	12 小时（或 13 小时）	30~50 勒克斯	3~5 烛光
155~161	14 小时	30~50 勒克斯	3~5 烛光
162~168	15 小时	30~50 勒克斯	3~5 烛光
169~175	16 小时	30~50 勒克斯	3~5 烛光

4. 体重与均匀度

（1）称重程序：育成期每周至少称重 1 次，可通过称重来检查所实施的饲喂程序能否达到预期结果。为减少误差，每次称重最好在同一天的同一时间段进行，如在早上喂料之前称重，或在下午喂完料后的 4~6 小时进行称重。每次称重前要检查称重器具，并对秤进行校正。

用于捕捉鸡的围栏应轻便、牢固、便于携带，且不易伤鸡。捕捉围栏的大小应以可围 50~100 只鸡为宜。取样数量一般是母鸡 1%~3%，公鸡 5%。鸡群规模较小时需要增大抽样比例，抽样数量最小不得低于 50 只。

每次圈鸡前，应在鸡舍内来回走动，使靠墙边的鸡活动并离开墙角，以使鸡群抽样更为准确。取样点应分布于鸡舍的前、中、后，不要只称取鸡舍角落或料箱周围的鸡。所有捕捉围栏内的鸡都要称重，切勿舍弃其中任何太大或太小的鸡。

（2）称重数据的记录及计算：每次称重，必须将称重鸡群的个体体重做详细记录，并计算出统计结果，检查均匀度，为制定限饲程序做依据。

（3）均匀度的控制：良好的均匀度和达到体重标准同样重要。均匀生长的鸡群可确保骨骼的良好发育，因为性成熟时间还取决于鸡的体型。体重一致而骨骼大小有差异的鸡群间的体型是有差别的，这样的鸡群对光照和饲料水平变化的反应并不同步，从而影响种鸡的生产性能。

（4）影响鸡群均匀度的因素：影响鸡群均匀度的因素很多，在生产实践中主要表现在以下几个方面。

①雏鸡质量：不是来自同一种鸡群，雏鸡大小不一，严重脱水，弱雏过多等。

②鸡舍环境：温度忽高忽低，通风不良，垫料潮湿、板结等。

③饲养密度：密度过大，鸡群太拥挤，影响采食和饮水。

④光照：光照不均，光照过强或太弱。

⑤饲料质量：饲料营养不均衡，发生霉变、酸败、结块等。

⑥饲料分配：采食空间不足，布料速度太慢，饲喂器高度不适宜，饲料厚度不均，限饲程序不合理，限饲过多。

⑦饮水：水质不好，饮水空间不足，饮水器高度不适宜，饮水程序不合理。

⑧疾病：各种病毒病和细菌病，特别是球虫和其他导致肠道系统损害的疾病。

⑨断喙：断喙不好，特别是断喙太多或断喙器刀片温度太高，日后出现软嘴或"肿瘤"嘴。

⑩应激：免疫、称重、采血、挑鸡、转群等操作不当，引起应激。使用疫苗毒力太强，导致疫苗反应太强烈。

（5）提高均匀度的措施：首先应加强日常综合管理，如选购高质量的雏鸡，选择适宜的饲养密度、提供充足的采食和饮水空间、制定合理的饲喂和饮水程序，保证良好的鸡舍环境、精确的断喙、均匀的光照、正确的日常操作、健康的体质等，都是提高均匀度的基本保障。其次，通过分群饲养、定期挑鸡，也是提高均匀度的有效办法。

5. 产蛋期的饲养管理

提供适宜的环境条件和营养平衡的饲料，控制好种母鸡和种公鸡的体重，保障其身体健康、体格健壮、体况良好，使之顺利达到一个理想的产蛋高峰和稳定的受精率。

（1）饲养密度：种鸡的饲养密度取决于鸡舍的条件和饲养设备的类型等。密度太大，鸡群过于拥挤，将影响鸡群的采食、饮水和交配，从而影响种鸡群的产蛋量和受精率。现代种鸡多为笼养（图5-19、图5-20），表5-18是以饲喂和饮水设备空间推荐的平养母鸡饲养密度。

图 5-19　笼养种公鸡　　　　　　　　图 5-20　笼养后备种母鸡

表 5-18　产蛋期饲养面积、采食面积和饮水面积

饲养面积	饲养密度
垫料平养	4.0 只鸡 / 平方米
棚架	5.2 只鸡 / 平方米
采食面积	
链式料槽	15 厘米 / 只鸡
圆形料桶（直径 42 厘米）	8 个 /100 只鸡
圆形料桶（直径 33 厘米）	10 只鸡 / 盘
饮水面积	
水槽	2.5 厘米 / 只鸡
乳头饮水器	8～10 只鸡 / 乳头
钟型饮水器	80 只鸡 / 个

（2）饲喂程序：产蛋期的饲喂程序必须与育成期的饲喂程序结合起来。育成期每只母鸡每周所增加的料量决不可以超过 7 克。在每日饲喂的情况下，在达 5%产蛋率时，每只母鸡每周增料约为 5 克。料量增加太快会刺激母鸡卵巢发育过度，产双黄蛋比率高、易脱肛、易发生卵黄性腹膜炎、死亡率增加等。

产蛋期饲喂鸡群时必须考虑下列因素：饲料品质、种鸡体重、产蛋量、产蛋率、采食时间、环境温度等。产蛋期饲料中的能量是至关重要的因素。能量缺乏将严重影响鸡群的产蛋量，缺乏能量时鸡群或许会达到产蛋高峰，但 2～3 周后产蛋率将出现较为反常的下降。正常情况下，25 周龄（或产蛋率达 5%后）应由产前料（或育成料）更换为产蛋料。产蛋料要营养均衡、全面，无杂质、无霉变。

（3）母鸡体重：种母鸡从开产至产蛋高峰，应获得持续的增重，且产蛋高峰后的整个产蛋期都应保持一定的增重（约15~20克/周），这一点十分重要。而另一方面又要防止种母鸡增重过快，过度超重会导致种母鸡产蛋性能的下降。

为有效监控种母鸡的体重，40周龄前每周称重，40周龄后至产蛋结束，每2周称重1次。尽可能在下午晚些时候称重，此时大部分种母鸡已经过了产蛋时间，称重应激较小。每次称重都应在同一地方，单个称重，逐个记录，通过对称重结果的统计计算，管理人员会得知鸡群体重是否在标准范围内，是否需要调整饲喂程序。称重的同时，管理人员还应仔细检查每一只母鸡，查验其身体状况，依次来判断鸡群的发育情况和健康状况。

（4）饲料：产蛋期种母鸡采食饲料的目的主要有3个方面：体能维持、生长和产蛋。产蛋母鸡料量的增加必须先于产蛋率的增长，因为许多母鸡个体的产蛋率要高于鸡群的平均产蛋率。在生产实践中，应对育成期种母鸡的整体状况进行全面评估，依次来预测本批鸡群的高峰产蛋率，预订该鸡群的高峰给料量。

（5）环境温度：肉种鸡总需能量受环境温度的影响很大，因为总需能量中绝大部分是代谢维持能，该部分的摄入取决于环境温度。研究表明，家禽饲料能量的摄入以20~21℃为基准，在5~35℃的温度范围内，每上升或下降1℃，能量摄入应减少或增加1.5%。气温在21℃以上，每升高1℃，每只鸡每天能量需求会降低22.42焦耳；温度低于20℃，每下降1℃，每只鸡每天能量需求会增加22.42焦耳（图5-21）。

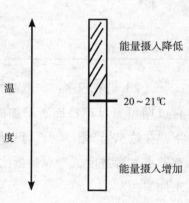

图5-21 温度与能量摄入

（6）冬季、夏季饲喂：所有的鸡在低温条件下都会增加维持代谢能的需要。所以冬季必须饲喂更多的能量以满足维持代谢能和产蛋的需要。在冬季种母鸡的能量摄入如果受到限制，产蛋就会减少。

高温会减少鸡维持代谢能的需求。在极端高温情况下，公鸡和母鸡的食欲会降低、采食量减少。为维持炎热季节的产蛋和蛋重，即便每日能量摄入量减少，也要保证母鸡氨基酸每日的摄取需要量。整个夏天要提供给种鸡凉爽的饮水。可以适当减少母鸡的喂料量，控制母鸡的采食时间。如果夜间舍外温度不低于18℃，全天要启动所有的风机，使鸡尽可能地散发出体内的热量。

（7）高产鸡群的管理：开产期间的料量增加势必促进一部分种鸡的生长和另一部分种鸡的产蛋。小量频繁地增加料量是提高产蛋量的最佳方法。肉种鸡群一旦达到产蛋高峰，不要急于立即减料。每周继续对母鸡和公鸡进行称重，了解饲料需要量。每天对种蛋进行称重，确保母鸡在保持高产蛋率时不减少蛋重。

（8）监测蛋重和总产蛋量：每天从第二次收集的种蛋中随机抽取120～150枚种蛋进行称重，这些种蛋必须是从种鸡笼上或产蛋箱内直接收集的，且必须是已经剔除双黄蛋、小蛋和异常蛋（如软皮蛋）等的合格种蛋。在生产实践中，可通过蛋重每天的变化趋势来衡量鸡群采食的总营养成分是否恰当，并根据实际蛋重和预期蛋重曲线的偏离程度来调整饲喂量。

不同品种（品系）的种母鸡对临界能量需求的方式不同。能量供给略有不足，一些品种首先会减少蛋重以维持其产蛋量（产蛋率），而另一些品种首先会减少产蛋量（产蛋率）以维持其蛋重。肉种鸡企业不仅希望鸡群最大可能的多产蛋（提高产蛋率），而且还能产大蛋（提高蛋重、提高雏鸡出壳重），因此，在生产实践中仅监测蛋重（平均蛋重）指标还不足以反映鸡群对能量的真实需求，必须将蛋重指标和产蛋率指标结合起来考虑，通过对总产蛋量的监测来了解鸡群对能量的真实需求。

总产蛋量＝平均蛋重×产蛋率（%）

产蛋所需能量≈总产蛋量（克）×13.9焦耳

（9）高峰后期的减料：产蛋高峰过后若连续2周产蛋率不再增加，且每周呈1%正常下降，须开始减料以防母鸡过肥。高峰料减料幅度要求循序渐进，第一次减料可减2～3克，以后每周可减0.5～1克。对于脂肪蓄积过多的鸡群，减料时速度可稍加快些。每次减料3～4天后应密切观察产蛋率变化，若产蛋率下降正常（每周1%），下周以同样的方式减料。若产蛋率下降超过正常水平，且又无其他原因时，应立即恢复减料前的料量。若减料后鸡群体重下降，说明减料过多，必须停止减料；若鸡群体重仍大幅增加，说明减料不够，下周必须加大减料量。高峰后整个生产周期的饲料减少总量约为高峰料量的10%～12%（即18～20克）。

（10）饮水程序：产蛋期成功的限水程序有助于节约水资源、防止平养鸡的垫料潮湿、减少腿病、控制肠道疾病、减少脏蛋数量、控制蚊蝇。可以根据鸡的嗉囊松软情况和粪便水分含量来判断供水量是否正确。饮水后鸡的嗉囊应松软柔顺。若饮水不足鸡的嗉囊较硬，有可能引起嵌塞，严重时会导致死亡。笼养种鸡的粪便过稀，说明饮水量过大。随着温度的升高应相应增加饮水量，炎热季节最好多供水。表5-19是正常气温条件下的限水方法，温度在30℃以上时每小时至少供水20分钟，特别炎热季节不能限水。

表5-19　正常气温条件下限水方法（21～27℃）

饲喂日	饲喂前半小时直至吃完料1～2小时持续供水
下午	供水30分钟（1次）
天黑前	供水30分钟（1次）

随着饲料量的改变，调整饮水程序，这一点特别在新开产鸡群尤为重要。

（11）光照程序：产蛋期的每日光照应稳定在16小时，切勿减少光照时间或降低光照强度。采用自动控制光照系统的开放式鸡舍，在多云或阴天应在16小时光照时间内开启人工光照系统。灯泡要保持干净，及时更换坏损灯泡。

（12）种蛋收集、挑选、消毒和保存：常温下每日至少拣种蛋4次；当温度过高或过低时应增加拣蛋次数，以便尽快对种蛋进行消毒和冷却。及时收集种蛋还能降低种蛋破碎率。收集种蛋的准确时间取决于每天早晨开灯和喂料的时间：一般前两次收集的种蛋分别占全天总产蛋量的30%～35%；后两次收集的种蛋分别占全天总产蛋量的15%～20%。作者推荐4次收种蛋的时间为每天的8：00和11：00以及14：00和16：00。

收集种蛋时，合格种蛋、脏蛋、破蛋和畸形蛋要分开收集和存放，并单独标记和记录。合格种蛋应形状正常、洁净、蛋壳质量良好、蛋壳色泽正常、蛋重在54克以上。

种蛋收集后应立即进行正确的消毒，以遏制常温下蛋壳表面的细菌和霉菌的快速繁殖。作者建议，根据种蛋的量，用专业消毒箱，对种蛋用甲醛进行熏蒸消毒。一般种蛋的熏蒸浓度为：每立方米空间用高锰酸钾22克，甲醛44毫升。在室温24℃以上，相对湿度75%左右，熏蒸40分钟，效果最佳。

种蛋消毒过后，应立即转入装有空调和加湿器的储蛋间。储蛋间的温度应保持在18℃，相对湿度75%。种蛋一般保存3天，若需较长时间贮存，温度应略低一些（如14～16℃）。储蛋间必须保持空气新鲜，且只能保存种蛋。种蛋在收集、消毒和贮存过程中，要始终保持大头朝上。

6. 种公鸡的饲养管理

虽然种公鸡在种鸡群中所占比例仅有5%～10%，但是它们提供给肉仔鸡的遗传潜力却高达50%以上，因此，必须高度重视种公鸡的饲养管理。

（1）体重控制：为了更精确地控制公鸡体重，作者建议：从1日龄到混群前，必须采取公母分栏或分舍饲养，笼养鸡要分层或分笼饲养。公鸡每周的增料量，原则上要依据每周的目标体重而定。一般而言，0～6周龄，每周至少称重2次；7～35周龄，每周至少称重1次；36～64周龄，每2周至少称重1次。公鸡的营养需求是通过饲料的营养成分和喂料量进行控制的，在环境相同的情况下，每天的能量、氨基酸和其他营养成分的摄入量决定了种公鸡的生产性能。在育雏育成期公鸡可以用与母鸡相同的饲料，其体重控制通过喂料量来实现。在产蛋期，为了防止公鸡采食过多的蛋白质和钙，种公鸡的饲料要单独配制。表5-20是AA种公鸡的推荐饲养标准。

表5-20　成年种公鸡饲料营养标准推荐表

营养类别	含量
蛋白质（%）	14～15
代谢能（兆焦/千克）	11.79～12.56
赖氨酸（%）	0.45～0.55
蛋氨酸＋胱氨酸（%）	0.38～0.46
钙（%）	0.8～0.12
有效磷（%）	0.3～0.4
亚油酸（%）	0.8～1.2

（2）均匀度控制：由于公鸡的采食速度很快，个体间争斗次序比较激烈，很容易造成均匀度的差异，所以，公鸡的饲养密度一定要小。作者建

议，如果是平养，3 周龄后的公鸡群，要逐渐过渡到 50 只以内；笼养公鸡 10 周龄后要尽快过渡到单鸡单笼。

（3）饲喂程序：育雏前期，自由采食最多不能超过 2 周，在体重达到标准或略高于标准的情况下，就可进行限饲。无论采用何种限饲程序，都要考虑体重、周增重、均匀度和应激因素等。表 5-21 是饲喂程序推荐，仅供参考。

表 5-21　肉用种公鸡饲喂程序

周 龄	饲料种类	限饲程序	代谢能（兆焦 / 千克）	粗蛋白（%）
0 ~ 2	育雏料	自由采食 / 限量采食	12.33	20
3 ~ 5	育雏料	限量采食	12.33	18
6 ~ 10	育成料	喂 5 限 2	11.79	14 ~ 15
11 ~ 17	育成料	喂 6 限 1	11.79	14 ~ 15
18 ~ 24	育成料 / 产前料	每日饲喂	11.79/12.33	14 ~ 15
25 ~ 64	育成料 / 产蛋料	每日饲喂	11.79/12.33	14.5 ~ 15.5

（4）光照程序：平养与母鸡混群饲养的公鸡，光照程序与母鸡相同；笼养公鸡 20 周龄前与母鸡相同，20 周龄后每天 10 ~ 12 小时光照。

（5）选种与混群：平养公鸡混群时，应选第二性征（脸和鸡冠的颜色、肉垂和鸡冠的生长）明显、体重一致、体态无异常，断喙整齐，腿和脚趾强壮且直，羽毛光亮，体态直立，肌肉健壮发达的种公鸡。如果种公鸡群内的性成熟存在差异，可以让已经性成熟的公鸡先与种母鸡混群，让未成熟的种公鸡继续发育一段时间后再混群。如 22 周龄先混 5% 成熟公鸡，23 周龄再混 2%，24 周龄再混剩余 2% ~ 3% 的公鸡（假设种公鸡在鸡群中所占比例为 10%）。

（6）公母分饲：平养种鸡从公母混群开始，种公鸡和种母鸡应使用单独的饲喂系统。这可以有效地分别控制种公鸡和种母鸡的体重和均匀度。分饲技术主要利用公母鸡头大小之间的差异和身高之间的差异。这项技术不仅需要有良好的管理，而且要求设施本身符合分饲要求、安装到位、维护完好。

（7）人工授精：笼养种鸡需要进行人工授精。人工授精常用的器械是集精杯和滴管，滴管最好配以比较硬的橡胶头，以便准确把握输精量。现在也有人使用禽用输精枪（图 5-22、图 5-23）。

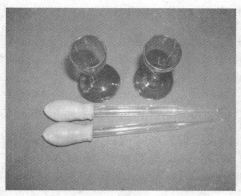

图 5-22　集精杯和滴管

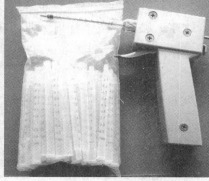

图 5-23　禽用输精枪

　　种公鸡在输精前 2 周就要进行采精训练，采精人员要固定，采精、输精的时间应在每天 15：30 后、大部分母鸡产蛋结束后进行。公鸡采精前停水停料 3～4 小时，以减少粪尿对精液的污染。种公鸡一般 1 天采精 1 次，采精 3 天休息 1 天，母鸡间隔 4 天输精 1 次，首次输精应连输 2 天，第 3 天下午开始收集种蛋。为确保最高的受精率，从采第一只公鸡的精液到输完最后一只母鸡，最好掌握在 20 分钟内，不要超过 30 分钟。每只母鸡每次输精 0.025 毫升左右。如果精液不够用，可用生理盐水、5% 葡萄糖液或消毒脱脂牛奶等对精液直接进行稀释，进行精液稀释时，稀释液温度与精液温度要相等（38℃ 左右），稀释后的精液每只母鸡每次的输精量不变（图 5-24、图 5-25）。

图 5-24　采精

图 5-25　输精

三、常用基本免疫方法

　　在不同的季节饲养不同品种的鸡，应制定适宜的免疫程序，根据免疫程序选择适合的疫苗及适宜的免疫方法。常用基本免疫方法有点眼、滴嘴、滴鼻、饮水、喷雾、皮下注射、肌肉注射及刺痘。根据饲养方式、疫苗等不同，选择相应的免疫方法。

（一）免疫的目的

在父母代种鸡中产生均匀的疾病抵抗能力并通过种蛋将高水平母源抗体传递给商品代肉鸡。对商品代肉鸡进行免疫，使商品代肉鸡群产生均匀的疾病抵抗能力，充分发挥生长和生产性能。

（二）免疫的一般原则

（1）按照疫苗生产厂商的使用说明对疫苗进行储存和使用。每次使用疫苗时都要详细记录使用的日期、类型、次数、生产厂商、产品序号和失效日期等。

（2）根据生产厂商的使用说明对疫苗进行稀释和准备。

（3）任何时候都要避免阳光直接照射疫苗。

（三）免疫方法

（1）点眼：将稀释好的疫苗装在点眼用的疫苗瓶内，使鸡只面部朝上握稳鸡只头部。将1滴疫苗滴入眼部。轻轻向下牵动鸡只下眼睑使其吸收疫苗。定期更换滴眼器，减少可能的污染。滴眼器不可接触鸡只眼睛（图5-26）。

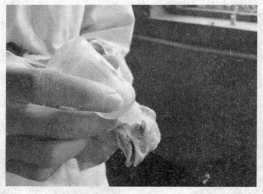

图5-26　点眼

（2）滴嘴：稳住鸡只头部，用一手指将上下喙分开，把1滴疫苗滴入嘴里。待鸡只完全吸入疫苗滴后方可释放鸡只（图5-27）。

（3）滴鼻：稳住鸡只头部，闭合鸡嘴并用一手指盖住鸡只下半部鼻孔，将1滴疫苗滴入上半部鼻孔。待鸡只完全吸入疫苗滴后方可

图5-27　滴嘴

释放鸡只（图5-28）。

（4）饮水免疫：饮水免疫要根据季节、舍内温度进行免疫。混合疫苗时，可加入少许符合食品卫生的染料，有助于监测所有的鸡是否都得到免疫。免疫过的鸡只嘴部和舌头会染有染料。实施免疫前48小时和免疫后24小时，饮水系统中应无任

图5-28 滴鼻

何氯化物、药物和其他化学制剂。使用自动饮水系统的，免疫前一天，在饮水系统中添加脱脂奶粉（33克/升），可有助于中和水中任何化学成分。清早初见阳光时给鸡只实施饮水免疫。免疫前停水2～4小时，炎热季节不可使鸡缺水。开放式饮水系统免疫前，用清水清洗饮水器，将正确量的新鲜洁净的饮水注入干净的塑料水桶中，按1:400的比例将脱脂奶粉在水中搅拌均匀，这样可使疫苗悬浮于水中，在水中加入适量的疫苗并搅拌均匀，疫苗可通过离心泵输入到鸡舍内。如使用配比型加药器，要保证配比的疫苗溶剂符合免疫用水量的需求。使用密闭（乳头）式饮水系统时，加入疫苗时应将饮水系统提升，打开饮水系统末端将全部清水排泄干净，将疫苗混合液泵入该系统，在系统末端看到脱脂奶粉和疫苗混合液时，将末端关闭并降下水线让鸡只饮水。疫苗混合后2小时之内应全部饮完（图5-29）。

图5-29 饮水免疫

（5）喷雾免疫：按照生产厂家的说明稀释和准备疫苗根据鸡只日龄，选择喷雾装置喷洒适宜的雾珠。喷洒疫苗时，工作人员要用护目镜和面罩保护。在平养大鸡舍内为小鸡喷雾免疫时，应将其赶至鸡舍1/3或1/2的区域，这有助于实施免疫更加均匀，有效减少浪费在地面上的疫苗。对于大龄鸡

群，可采用3人小组（一人在鸡舍中间走在前面，把鸡只赶到鸡舍两边，另外2人，1左1右，跟在赶鸡人约2米之后，对左右两旁的鸡只实施喷雾免疫）使所有鸡只获得均匀的免疫效果。免疫之前，关闭幕帘和门窗，关闭鸡舍通风系统。免疫结束20分钟后再将其打开和开启。工作人员在通

图 5-30　喷雾免疫

风系统未重新开启之前切勿离开鸡舍（图5-30）。

（6）皮下注射：在颈部或两翅之间注射。此种方法以及其他的免疫方法都要考虑设置一个工作区域，以方便免疫的操作人员实施免疫。实施皮下注射免疫时，最好用一个齐腰高的凳子，便于操作人员工作。每次抓鸡人员把鸡放到凳子上都处于同样的姿态，保证免疫人员工作顺利。使用 0.6～1.25 厘米经消毒的皮下注射针头；油苗使用 18～19 号针头；活苗使用 20～21 号针头。免疫人员提起脑后与颈根中间松弛的皮肤，要离开头部在皮下朝颈根方向刺入针头。皮下注射疫苗时要小心谨慎，避开神经、肌肉和骨骼。要在颈部中间注射疫苗，避免靠近头部和躯干的地方。经常更换针头（死苗每 500 次，活苗每 1 000 次），避免污染（图 5-31、图 5-32）。

图 5-31　颈部皮下注射

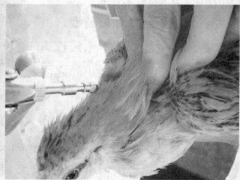

图 5-32　肩部皮下注射

（7）肌内注射：在胸部或大腿外侧。使用消毒的 1.25 厘米注射针头；油苗使用 18～19 号针头；活苗使用 20～21 号针头，将疫苗注射到胸部肌肉最厚的部位。如选择注射腿部肌肉，将鸡脚对着自己握稳鸡只腿部，用食指和中指将腿部肌肉转向腿骨骼外侧，远离关节顺股骨方向刺入针头。经常更换针头（死苗每 500 次，活苗每 1 000 次），避免污染（图 5-33、图 5-34）。

图 5-33　胸部肌内注射　　　　图 5-34　腿部肌内注射

（8）刺痘：将鸡翅膀下部朝上展开，刺在翅膀翻展后缺毛的三角区。将刺种器的两只针浸入疫苗，使刺种针垂直刺入翅蹼，要小心避开羽毛、血管、肌肉和骨骼。免疫后 7～10 天，观看免疫部位的红点查验鸡的疫苗反应（图 5-35）。

图 5-35　刺痘

（四）常用免疫器械

除饮水免疫以外，其他免疫方法，要借助于不同免疫器械。常用基本免疫器械有连续注射器、刺痘针、点滴瓶和喷壶等（图5-36、图5-37、图5-38）。

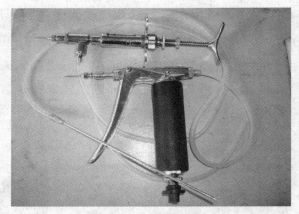

图 5-36　连续注射器

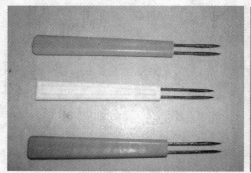

图 5-37　刺痘针

图 5-38　点滴瓶

第六章　新技术、新概念介绍

近年来，随着人们生活水平的提高，对优质鸡的消费需求越来越旺盛。优质鸡根据生长速度、上市日龄分为优质型（100日龄左右上市，体重1 250～1 500克）、中速型（70天左右上市）和快大型（50天左右上市）。为满足市场需求，随之兴起一些新的养殖方式。

一、林下养殖

林下养殖是近几年根据市场需求新兴的一种养殖方式。林下养殖是利用农区的防护林地面空间进行优质鸡放养。这种养殖方式一般是3月份进鸡，经过育雏阶段，等鸡长到500克左右时，在气候适宜的条件下进行放养，根据上市体重、日龄要求，提前1个月再上笼进行肥育。林下养殖要在林间搭建鸡舍，使鸡晚上能回窝，避免兽害；雨雪天可以在舍内饲喂。鸡舍搭建要结实，预防雨雪天、大风天导致鸡舍倒塌，造成不必要的损失。为方便鸡饮水，林间应分布一些饮水器或自动饮水乳头。作者建议，最好在林下养殖的前一年，在防护林下混播苜蓿、白麦根或白三叶牧草，第二年等这些牧草长到10厘米以上再进行放养。林下养殖既利用了林下的地面空间，又为防护林施了粪，同时还可减少防护林的病虫害。为了便于管理，林下养殖群体不宜过大，以300～500只为宜，同一片林地可以分成不同的小区分群放养（图6-1、图6-2、图6-3）。

图6-1　放养前的育雏

125

图6-2　林间鸡舍

图6-3　林间养殖

二、山坡放养

山坡放养是近几年兴起的新的健康养殖模式。在不影响山坡水土保持的前提下，可以利用山坡空地进行优质鸡放养。进行优质鸡放养的山坡坡度不能太大，且有丰富的植被。山坡放养育雏、鸡舍搭建、划区分群放养等，与林下养殖相似（图6-4、图6-5）。

图6-4　山坡鸡舍

图6-5　山坡放养

三、院落散养

近几年政府为了改善人们的生存条件，将许多不太偏僻、小村庄的居民，集中搬迁到了城镇，留下很多空村落，周围的土地也被闲置。有的人利用这些空村落和闲置土地，搞起了健康养殖及休闲度假游（图6-6、图6-7、图6-8）。

图6-6　空村落的鸡场

图6-7 院内补饲

图6-8 院外放养

四、新产品介绍

快大型肉鸡生长速度快、体型大，笼养时底网的金属丝细、缺乏弹性，易造成鸡爪、腿、关节破裂受伤，易引起种蛋破损，现在有一种塑胶底网垫，网格大小及尺寸与鸡笼底网完全相同，由于塑胶底网垫富有弹性，使用后可减少鸡的损伤，提高种蛋利用率（图6-9）。

图6-9 塑胶底网垫

五、塑料大棚饲养肉鸡新技术要点

（一）大棚建造技术要求

1. 棚址选择和规格

建棚要选择地势高燥、靠近水源、无污染的地方，一般不占耕地。以东西向为好，利于通风换气和冬季采光。一般长20～30米，高2.2～2.5米，宽8～10米，呈拱形。

2. 大棚用料和组建

建造长30米、宽10米、面积300平方米的大棚一般需要直径4厘米竹竿和2厘米竹竿800根；塑料薄膜50千克；直径8厘米以上，长1.5米和2.5米木桩或水泥预制条30根，还需铁丝和麦秸、油毡等。半永久性大棚两端和背风面需用水泥空心砖垒砌。组建前将场地整理平整并高出周围地面15～20厘米。组建时首先将木桩或水泥条沿场地中轴线左右两侧各1.5米处，每隔2米埋立一根，左右对称，高矮一致。其次，用粗细竹竿纵横并用铁丝扎牢，并固定在立桩上。纵横竹竿间隔30厘米为宜。然后上覆塑料薄膜，薄膜上面覆盖15～20厘米厚麦秸，摊平轻轻压实后，上层用油毡覆盖。向阳面塑料薄膜上用草苫，便于开启采光。拱形棚顶上面每隔3米设一个通气孔。四周塑料薄膜要适当延长，便于折压密封大棚。为育雏方便可在棚一端建立地下回龙炕，并用双层塑料薄膜与生产棚区隔开，做育雏室（图6-10、图6-11）。

图6-10　塑料大棚肉鸡舍外观　　　图6-11　大棚内部结构

（二）大棚肉鸡饲养管理

1. 选择良种确定饲养方式

选择良种是提高大棚养鸡效益的关键。从取得"种畜禽经营许可证"的父母代种鸡场购买良种肉雏鸡。严防购入劣杂种鸡。其次确定饲养方式：一是垫料饲养，二是网上平养。采用哪种方式视经济状况和粪便利用与否而确定（图6-12）。

2. 做好准备搞好育雏

首先在运雏鸡前2～3天，将大棚整理封闭好，打扫干净并用0.1%过氧乙酸喷洒，或高锰酸钾、福尔马林（含40%甲醛）熏蒸消毒，将地面、垫料、笼具、食槽、饮水器等养鸡用具彻底消毒。其次，育雏室点火升温，使育雏室温度控制在33℃左右或更高些。育雏温度能否达到要求，是雏鸡成活率高的关键。再次，雏鸡入棚后休息两小时左右即可饮用30℃左右的葡萄糖水或0.04%高锰酸钾水。随后即可开食饲喂。

图6-12　大棚网上平养

3. 配方饲养周到管理

商品肉鸡的喂养多数饲养场分前后两阶段。前阶段（1～4周龄）营养要求一般是：代谢能12.55兆焦/千克、粗蛋白质22%、钙1%、磷0.6%。后阶段（5～8周龄）营养要求一般是：代谢能12.97兆焦/千克，粗蛋白质20%、钙0.9%、磷0.5%。饲料严防霉变和久贮。在管理上重点抓好均匀度，根据体重大小适时分群和调群，确保群体均匀发育，防止出现"垫窝鸡"。

（三）大棚养鸡的环境控制

大棚养鸡因设施简陋，以温度为主的环境控制格外重要。

1. 温湿度控制

育雏前两天温度要控制在33℃以上，以后4～5天控制在32℃左右，第2周30～27℃，第3周26～21℃，以后几周常温即可，但夜间要高于白天。育雏期要防止雏鸡脱水，相对湿度65%～70%为宜，必要时喷少量水。育成期因饮水量大，要防止高湿，一般要求55%～60%即可。温湿度控制以人工加温加湿和开启塑料薄膜的高低程度来实现理想要求。1～2周以保温为主，少量通风；第3周适当增加通风量；第4周后以通风为主，特别是夏季闷热天气，要加大通风。

2. 春秋季温度控制

春秋季节是大棚养鸡的黄金季节，除育雏期适当加温外，其余时间不需要或很少加温。可通过开启大棚四周塑料薄膜高低程度和时间长短，达到控制温度的目的。一般情况下，上午9时至下午5时，棚周围塑料薄膜全部开启，开启高度视气温而定。早晚和夜间，四周塑料薄膜需全部放下，封闭严松程度视气温而定。盛夏温度高，四周薄膜可全部开启，并适当提高，使大棚呈"凉亭"效应。若遇闷热无风天气，可向棚内外喷水降温或风扇降温。

3. 早春、晚秋和冬季温度控制

早春、晚秋和冬季，外界气温较低，棚周围薄膜少敞开或仅中午气温高时适当开启；冬季一般不敞开，均以保温为主。深冬和夜间为保持棚内温度，四周和棚顶需加盖草苫子，待天气晴朗时将前边向阳坡草苫子卷起，充分利用太阳能，增加棚内温度。促进肉鸡生长。

（四）大棚养鸡卫生管理和疾病预防

1. 为搞好大棚养鸡卫生管理和疾病预防工作，需要采取全进全出制的饲养管理方式

出棚后对大棚及其环境进行彻底清理消毒。

2. 坚持按程序进行免疫，搞好药物预防

根据各自具体情况，制定适宜的免疫程序。商品肉鸡的一般免疫程序是：1～3日龄传染性支气管炎苗点眼免疫；7～9日龄鸡新城疫Ⅱ系苗滴鼻免疫；14～15日龄传染性法氏囊炎苗饮水免疫；28～30日龄鸡新城疫Ⅱ系苗饮水免疫。

在坚持疫苗免疫的同时，对常见的脐炎、白痢、球虫等病通过药物饮水或饲料拌料等形式定期进行预防。确保肉鸡健康生长，禁止使用违禁药品。

3. 日常管理工作做到五观察一隔离

肉鸡日常管理工作自始至终贯彻防重于治的方针，要做到五观察：一观察鸡行为姿态是否异常；二观察羽毛蓬松度和光泽情况；三观察排粪数量、颜色和状态；四观察呼吸状况；五观察饲料用量和饮水情况。通过日常五观察及时发现病态鸡，立即实行隔离饲养并及时药物治疗。一定要搞好带鸡消毒，从而减少发病死亡，提高养鸡经济效益。

附录一　NY 5036—2001
无公害食品　肉鸡饲养兽医防疫准则

1 范围

本标准规定了生产无公害食品的肉鸡场在疫病预防、监测、控制和扑灭方面的兽医防疫准则。

本标准适用于生产无公害食品肉鸡场的卫生防疫。

2 规范性引用文件

下列文件中的条款通过本标准的引用而成为本标准的条款。凡是注日期的引用文件，其随后所有的修改单（不包括勘误的内容）或修订版均不适用于本标准，然而，鼓励根据本标准达成协议的各方研究是否可使用这些文件的最新版本。凡是不注日期的引用文件，其最新版本适用于本标准。

GB 16548 畜禽病害肉尸及其产品无害化处理规程

GB / T 16569 畜禽产品消毒规范

NY / T 388 畜禽场环境质量标准

NY 5027 无公害食品　畜禽饮用水水质

NY 5035 无公害食品　肉鸡饲养兽药使用准则

NY 5037 无公害食品　肉鸡饲养饲料使用准则

NY / T 5038 无公害食品　肉鸡饲养管理准则

中华人民共和国动物防疫法

3 术语和定义

下列术语和定义适用于本标准。

3.1 动物疫病

动物的传染病和寄生虫病。

3.2 病原体

能引起疾病的生物体，包括寄生虫和致病微生物。

3.3 动物防疫

动物疫病的预防、控制、扑灭和动物、动物产品的检疫。

4 疫病预防

4.1 环境卫生条件

4.1.1 肉鸡饲养场的环境质量应符合NY/T 388的要求，污水、污物处理应符合国家环保要求。

4.1.2 肉鸡饲养场的选址：新建肉鸡饲养场不可位于传统的新城疫和高致病性禽流感疫区内。

4.1.3 建筑布局：应严格执行生产区和生活区相隔离的原则。人员、动物和物品运转应采取单一流向，防止污染和疫病传播。

4.1.4 肉鸡饲养场的消毒和病害肉尸的无害化处理：应按照GB／T 16569和GB 16548进行。

4.2 饲料、饮水和兽药的要求

4.2.1 饲料的使用应符合 NY 5037 的要求。

4.2.2 饮水应符合NY 5027的要求。

4.2.3 兽药的使用应符合 NY 5035 的要求。

4.3 饲养管理

4.3.1 肉鸡饲养应坚持"全进全出"原则。引进鸡只应来自健康种鸡，来自不同种鸡场的鸡苗经隔离观察和检疫，确认无传染病后方可并群饲养。每批肉鸡出栏后应实施清洗、消毒措施。生产过程中的饲养管理应符合NY／T 5038的要求。

4.3.2 肉鸡场应具有严格的卫生管理制度。工作人员应定期进行体检，取得健康合格证方可上岗。工作人员进入生产区应消毒并穿戴洁净工作服；鸡场应尽量做到"谢绝参观"，特定情况下，参观人员在消毒后穿戴防护服方可进入。

4.4 免疫接种

肉鸡场应根据《中华人民共和国动物防疫法》及其配套法规的要求，结合当地实际情况，有选择地进行疫病的预防接种工作，并注意选择适宜的疫苗，免疫程序和免疫方法。

5 疫病监测

5.1 肉鸡场应依照《中华人民共和国动物防疫法》及其配套法规的要求，结合当地实际情况，制定疫病监测方案。

5.2 肉鸡场常规监测的疾病至少应包括：高致病性禽流感、鸡新城疫、鸡白痢与伤害。除上述疫病外，还应根据当地实际情况，选择其他一些必要的疫病进行监测。

5.3 根据当地实际情况由动物疫病监测机构定期或不定期进行必要的疫病监督检查，并将抽查结果报告当地畜牧兽医行政管理部门。

6 疫病控制和扑灭

肉鸡场发生疫病或怀疑发生疫病时，应依据《中华人民共和国动物防疫法》及时采取以下措施：

6.1 驻场兽医应及时进行诊断，并尽快向当地畜牧兽医行政管理部门报告疫情。

6.2 确诊发生高致病性禽流感时，肉鸡场应配合当地畜牧兽医管理部门，对鸡群实施严格的隔离、扑杀措施；发生鸡新城疫、禽结核病等疫病时，应对鸡群实施清群和净化措施；全场进行彻底的清洗消毒，病死或淘汰鸡的尸体按GB 16548进行无害化处理，消毒按GB/T 16569进行。

7 记录

每群肉鸡都应有相关的资料记录，其内容包括：鸡只来源，饲料消耗情况，发病率、死亡率及发病死亡原因，无害化处理情况，实验室检查及其结果，用药及免疫接种情况，鸡只发运目的地。所有记录应在清群后保存两年以上。

附录二　NY/T 5038-2001
无公害食品　肉鸡饲养管理准则

1 范围

本标准规定了无公害食品肉鸡的饲养管理条件，包括产地环境、引种来源、大气环境质量、水质量、禽舍环境、饲料、兽药、免疫、消毒、饲养管理、废弃物处理、生产记录、出栏和检验。

本标准适用于肉用仔鸡、优质肉鸡及地方土杂鸡的饲养。

2 规范性引用文件

下列文件中的条款通过本标准的引用而成为本标准的条款。凡是注日期的引用文件，其随后所有的修改单（不包括勘误的内容）或修订版均不适用于本标准，然而，鼓励根据本标准达成协议的各方研究是否可使用这些文件的最新版本。凡是不注日期的引用文件，其最新版本适用于本标准。

GB 3095 大气环境质量标准

GB 16548 畜禽病害肉尸及其产品无害化处理规程

GB 16549 畜禽产地检疫规范

NY / T 388 畜禽场环境质量标准

NY 5027 无公害食品　畜禽饮用水水质

NY 5035 无公害食品　肉鸡饲养兽药使用准则

NY 5036 无公害食品　肉鸡饲养兽医防疫准则

NY 5037 无公害食品　肉鸡饲养饲料使用准则

《中华人民共和国兽药典》

3 术语和定义

下列术语和定义适用于本标准。

全进全出制 all-in all-out system

同一鸡舍或同一鸡场只饲养同一批次的鸡，同时进场、同时出场的管理制度。

4 总体要求

4.1 产地环境

大气质量应符合GB 3095 标准的要求。

4.2 引种来源

雏鸡应来自有种鸡生产许可证，而且无鸡白痢、新城疫、禽流感、支原体、禽结核、白血病的种鸡场，或由该类场提供种蛋所生产的经过产地检疫的健康雏鸡。一栋鸡舍或全场的所有鸡只应来源于同一种鸡场。

4.3 饮水质量

水质应符合NY 5027要求。

4.4 饲料质量

饲料应符合 NY 5037的要求。

4.5 兽药使用

饮水或拌料方式添加兽药应符合NY 5035的要求。

4.6 防疫

肉鸡防疫应符合NY 5036的要求。

4.7 病害肉尸的无害化处理

应符合GB 16548标准的要求。

4.8 环境质量

鸡舍内环境卫生应符合NY／T 388标准的要求。鸡场排放的废弃物实行减量化、无害化、资源化原则处理。

5 禽舍设备卫生条件

5.1 鸡舍选址应在地势高燥、采光充足和排水良好、隔离条件好的区域，还应符合以下条件：

a）鸡场周围3千米内无大型化工厂、矿厂等污染源，距其他畜牧场至少1千米以上；

b）鸡场距离干线公路、村和镇居民点至少1千米以上；

c）鸡场不应建在饮用水源、食品厂上游。

5.2 鸡场应严格执行生产区和生活区相隔离的原则。

5.3 鸡舍建筑应符合卫生要求，内墙表面应光滑平整，墙面不易脱落、耐磨损和不含有毒有害物质。还应具备良好的防鼠、防虫和防鸟设施。

5.4 设备应具备良好的卫生条件并适合卫生检测。

6 饲养管理是卫生条件

6.1 每批肉鸡出栏后应实施清洗、消毒和灭虫、灭鼠，消毒剂建议选择符合《中华人民共和国兽药典》规定的高效、低毒和低残留消毒剂，且必须符合NY 5035的规定；灭虫、灭鼠应选择符合农药管理条例规定的菊酯类杀虫剂和抗凝血类杀鼠剂。

6.2 鸡舍清理完毕到进鸡前空舍至少2周，关闭并密封鸡舍防止野鸟和鼠类进入鸡舍。

6.3 鸡场所有入口处应加锁并设有"谢绝参观"标志。鸡场门口设消毒池和消毒间，进出车辆经过消毒池，所有进场人员要脚踏消毒池，消毒池选用2%～5%漂白粉澄清溶液或2%～4%氢氧化钠溶液，消毒液定期更换。进场车辆建议用表面活性剂消毒液进行喷雾，进场人员经过紫外线照射的消毒间。外来人员不应随意进出生产区，特定情况下，参观人员在淋浴和消毒后穿戴保护服才可进入。

6.4 工作人员要求身体健康，无人畜共患病。工作人员进鸡舍前要更换干净的工作服和工作鞋。鸡舍门口设消毒池或消毒盆供工作人员鞋消毒用。舍内要求每周至少消毒1次，消毒剂选用符合《中华人民共和国兽药典》规定的高效、无毒和腐蚀性低的消毒剂，如卤素类、表面活性剂等。

6.5 坚持全进全出制饲养肉鸡，同一养禽场不能饲养其他禽类。

7 饲养管理要求

7.1 饲养方式

可采用地面散养和离地饲养（网上平养和笼养），地面平养选择刨花或稻壳作垫料，垫料要求一定要干燥、无霉变、不应有病原菌和真菌类微生物群落。

7.2 饮水管理

采用自由饮水。确保饮水器不漏水，防止垫料和饲料霉变。饮水器要求每天清洗、清毒，消毒剂建议选择符合《中华人民共和国兽药典》规定的百毒杀、漂白粉和卤素类消毒剂。水中可以添加葡萄糖、电解质和多维类添加剂。

7.3 喂料管理

自由采食和定期饲喂均可。饲料中可以拌入多种维生素类添加剂。强调上市前7天，饲喂不含任何药物及药物添加剂的饲料，一定要严格执行停药期。每次添料根据需要确定，尽量保持饲料新鲜，防止饲料发生霉变。随时清除散落的饲料和喂料系统中的垫料。饲料存放在干燥的地方，存放时间不能过长，不应饲喂发霉、变质和生虫的饲料。

7.4 防止鸟和鼠害

控制鸟和鼠进入鸡舍，饲养场院内和鸡舍经常投放诱饵灭鼠和灭蝇。鸡舍内诱饵注意投放在鸡群不易接触的地方。

7.5 防疫和病禽治疗

对病情较轻，可以治疗的肉鸡应隔离饲养，所用药物应符合NY 5035的要求。

7.6 废弃物处理

使用垫料的饲养场，采取肉鸡出栏后一次性清理垫料，饲养过程中垫料过湿要及进清出，网上饲养户应及时清理粪便。清出的垫料和粪便在固定地点进行高温堆肥处理，堆肥池应为混凝土结构，并有房顶。粪便经堆积发酵后应作农业用肥。

7.7 生产记录

建立生产记录档案，包括进雏日期、进雏数量、雏鸡来源，饲养员；每日的生产记录包括：日期、肉鸡日龄、死亡数、死亡原因、存栏数、温度、湿度、免疫记录、清毒记录、用药记录、喂料量，鸡群健康状况，出售日期，数量和购买单位。记录应保存两年以上。

7.8 肉鸡出栏

肉鸡出栏前6~8小时停喂饲料，但可以自由饮水。

8 检验

肉鸡出售前要做产地检疫，按GB 16549标准进行。检疫合格肉鸡可以上市，不合格肉鸡按GB 16548处理。

9 运输

运输设备应洁净，无鸡粪和化学品遗弃物。

参考文献

［1］陈国宏，王克华，王金玉等．中国禽类遗传资源．上海：上海科学技术出版社，
　　　2004

［2］王海荣．肉鸡无公害高效养殖．北京：金盾出版社，2004

［3］张敏宏．肉鸡无公害综合饲养技术．北京：中国农业出版社，2003

［4］薛俊龙．鸡病类症鉴别与防治．太原：山西科学技术出版社，2009

［5］丁馥香．肉鸡标准化生产技术彩色图示．太原：山西经济出版社，2009